芯片封测 从入门到精通

CHIP ASSEMBLY & TESTING
FROM BEGINNER TO PROFICIENCY

江一舟 著

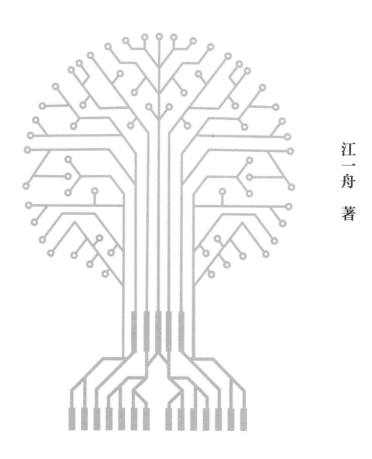

北京大学出版社
PEKING UNIVERSITY PRESS

内 容 简 介

芯片封测是指芯片的封装和测试，当芯片设计和制作完成后，需要进行封装和测试。封装类似于给芯片穿上坚固的防护外衣，使其可以在复杂的环境下工作，也可以保护芯片，便于散热。测试即检测芯片的好坏，同时检查相关工艺环节所带来的影响。

本书分为 12 章，第 1 章简要介绍了芯片封测的概念和流程；第 2 章介绍了晶圆测试，包括检测芯片的功能和晶圆的制造工艺；第 3~8 章重点介绍了传统芯片封装的工艺流程和原理；第 9~10 章主要介绍了先进封装及载带焊接技术；第 11 章介绍了最终测试，检测芯片的最终功能及封装环节所带来的影响；第 12 章介绍了芯片封测的相关系统及数据异常分析。

本书涉及传统芯片封装测试的所有流程，叙述通俗易懂，并辅以大量的图示，既可以作为微电子或集成电路专业的参考用书，也可以作为封装测试公司新员工的培训用书，还可以作为半导体初学者和爱好者的学习用书。

图书在版编目（CIP）数据

芯片封测从入门到精通 / 江一舟著. — 北京 ：北京大学出版社，2024.4
ISBN 978-7-301-34906-9

Ⅰ. ①芯… Ⅱ. ①江… Ⅲ. ①集成芯片－封装工艺②集成芯片－测试 Ⅳ. ①TN43

中国国家版本馆CIP数据核字(2024)第054303号

书 名	芯片封测从入门到精通	
	XINPIAN FENGCE CONG RUMEN DAO JINGTONG	
著作责任者	江一舟 著	
责 任 编 辑	王继伟 刘羽昭	
标 准 书 号	ISBN 978-7-301-34906-9	
出 版 发 行	北京大学出版社	
地 址	北京市海淀区成府路205号 100871	
网 址	http：//www. pup. cn 新浪微博：@ 北京大学出版社	
电 子 邮 箱	编辑部 pup7@pup.cn 总编室 zpup@pup.cn	
电 话	邮购部 010-62752015 发行部 010-62750672 编辑部 010-62570390	
印 刷 者	河北文福旺印刷有限公司	
经 销 者	新华书店	
	787毫米×1092毫米 16开本 16印张 336千字	
	2024年4月第1版 2024年4月第1次印刷	
印 数	1-3000册	
定 价	69.00 元	

前言

P R E F A C E

　　我们处于一个信息化、数字化、智能化的新时代，人们的生活变得越来越丰富多彩，通信越来越便捷，可以随时随地收发信息、进行语音视频聊天、开展远程会议，随时发布和观看各种短视频、网络直播。手机、计算机、智能汽车、智能家居等很多领域都有了飞速的发展和改变。

　　这些智能电子设备的背后是什么在支撑呢？其中尤其少不了芯片的贡献。我们随处可见的大大小小的电子设备、仪器仪表、智能工具里都有它们的身影。芯片有着与人体类似的功能：有类似大脑的指挥控制功能、存储记忆功能，有类似五官的感知功能，还有类似心脏和神经系统的电源供电、通信传输等功能。更加智能、性能更加优异的芯片还在不断设计开发和迭代中。

　　从设计、制造、晶圆测试、研磨切割、装片、焊线、塑封、切筋成型到最终测试等，一颗芯片从无到有再到安装到电了设备的电路板上，其间经历了上千道大大小小的工序、重重的考验，最终才到达消费者的手中。

　　当前芯片的设计、制造、封测，尤其是高端先进的技术，我国还处于学习追赶阶段中。这些高端先进的技术涉及软件、尖端制造设备、智能先进的生产实验设施，因其高度的专业精密集成化、高度的保密和国外严格的封锁，还需要一代代的集成电路工作者攻坚克难。在时下的"国产替代"大背景下，我国涌现出了许多优秀的企业，推出了很多国产芯片、设备设施、仪器仪表和工具等，大批的中国优秀芯片工作者正在夜以继日地奋斗着。

　　本书将着重介绍芯片的封装测试部分，结合作者在封装测试方面的工作经验和收获进行讲解，旨在使读者对芯片封装测试的工艺流程和原理有基本的了解和掌握。封装测试属于整个半导体制造链的后端，芯片在经过设计、晶圆制造后还要经历封装测试环节，通过测试的成品才可以进入市场，最终到达消费者的手中。

本书极力用简洁明了的文字和大量的图示进行叙述，使读者可以看得明白、看得下去。本书还对英文术语等进行了翻译和注释，但没有对理论专业知识和具体操作进行深入讨论。

封装测试有多道工序，本书仅就重点工序铺开，对于刚开始接触集成电路行业的新手，以及想学习了解半导体集成电路和半导体相关知识的从业者都有参考价值。期望本书能为读者打开了解芯片封装测试的一扇窗。

由于作者才疏学浅，经验有限，书中难免存在疏漏和不足，恳请读者批评和指正。

目录

CONTENTS

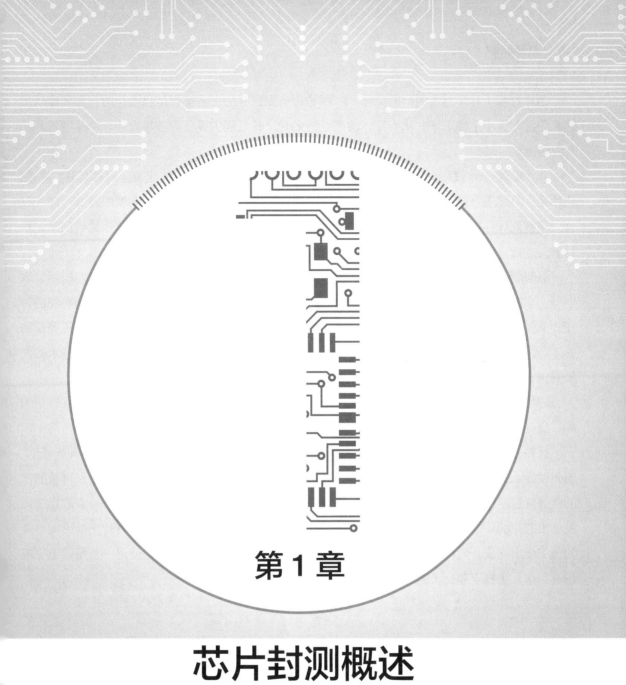

第 1 章

芯片封测概述

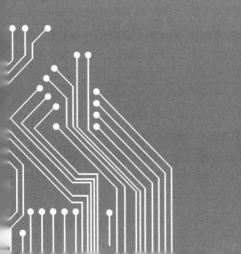
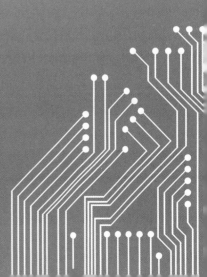

　　芯片封测是芯片封装测试的简称，一颗芯片从无到有的工艺流程是很漫长的，需要经历多达几千道大大小小的工序。从半导体的产业链来看，其流程主要分为芯片设计、芯片制造和芯片封装测试。

　　芯片设计公司（Design House）一般也称作无晶圆公司（Fabless），代表公司有高通、博通、英伟达、海思等。这些公司从事芯片的设计工作，实现芯片功能从想法到图纸的转变。芯片设计公司将设计好的芯片图纸转交给晶圆制造公司进行制造，制造完成后再将芯片的封测承包给封测厂进行。芯片设计公司拥有自己的品牌，处于半导体产业链的上游。

　　晶圆制造公司即芯片代工制造厂，也称作晶圆制造厂，代表公司有台积电、中芯国际、联电等。它们负责将芯片设计公司需要制造的芯片的图纸转变为实物，实现了从概念到实物的转变。晶圆制造公司的光刻机等设备的价格相当昂贵，非一般小企业可以承担，且光刻机等精密的生产设备受到欧美国家的封锁制约，中国无法进口最新、最好的设备，因此半导体技术的发展受到了限制。芯片制造处于半导体产业链的中游。

　　芯片封装测试公司即封装测试的代工工厂，代表公司有日月光、安靠、长电、通富、华天等，负责对芯片进行封装和测试。芯片封测处于半导体产业链的下游。

　　此外，还有整合设计制造公司（Integrated Design and Manufacture，IDM），代表公司有英特尔、德州仪器、三星等"巨无霸"公司。这些公司可以一条龙式地完成芯片从设计制造到封装测试的全部流程。而现在代工公司的出现使得半导体行业出现了百花齐放的局面，当一家芯片公司设计出芯片的图纸后，不必自己一手完成所有的工作，将芯片制造和芯片封测转交给更加专业的代工公司完成，同样可以得到很好的结果并拥有更高的效率。如果一家公司一条龙式地完成所有工作，则投资和公司的规模都将非常庞大。

1.1　芯片封测是什么

　　完成芯片的设计和制造之后，接下来的任务是进行封装与测试。芯片都是在晶圆（Wafer）上制造的，如图1.1所示，晶圆是芯片的母体，一颗颗的芯片组成了晶圆。晶圆上芯片数量的多少视芯片本身的尺寸而定，相同大小的晶圆上可以制造的小尺寸的芯片数量多，反之，相同大小的晶圆上可以制造的大尺寸的芯片数量少。

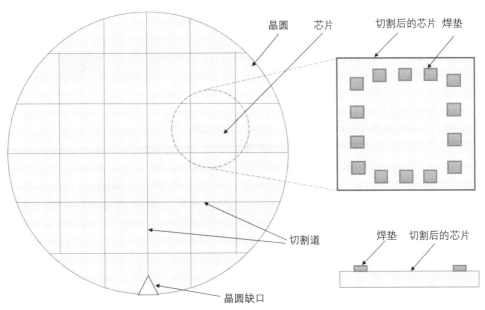

图 1.1 晶圆与芯片

在将芯片封装之前需要测试晶圆上的芯片功能是否正常，避免将不好的芯片封装，以减少封装的费用。检测晶圆上芯片好坏的测试被称为晶圆测试（Circuit Probing，CP）。如图 1.2 所示，晶圆测试需要使用测试机、探针卡及测试程序，通过测试筛选出好的芯片进行封装，而不好的芯片则会被标识出来并丢弃。

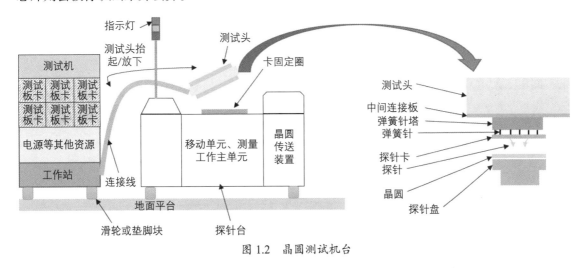

图 1.2 晶圆测试机台

经过晶圆测试后，接下来需要进行晶圆的磨划。晶圆在制造阶段需要比较厚的尺寸以便进行多道工序的加工制作，而在进行封装时则需要将晶圆研磨减薄，方便切割刀沿着切割道对芯片进行切割，如图 1.3 所示。切透切割道之后芯片便与晶圆分离开来。

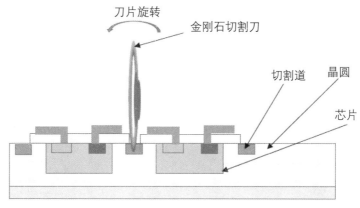

图 1.3　芯片的切割

如图 1.4 所示，芯片被切割分离之后便可以进行挑拣，吸盘从晶圆上拾取好的芯片并搬运到已经涂抹银浆的框架或基板上的焊区。

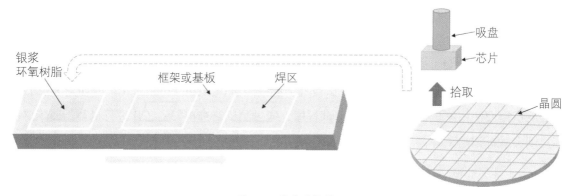

图 1.4　芯片的挑拣

如图 1.5 所示，吸盘施加一定的力将芯片与焊区黏结起来，这样芯片就被黏结到了框架或基板上。

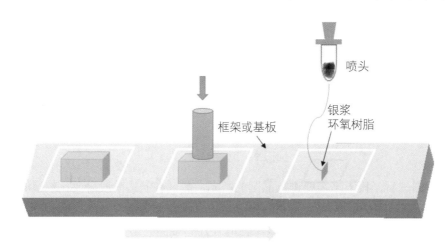

图 1.5　芯片黏结到焊区

芯片黏结后并没有实现电气连接，还需要将芯片的焊垫与框架或基板的焊点进行连接，中间的连接线使用金属引线，俗称金线。通过两个金属点的焊接实现芯片与外部电路的电气连接，即引线键合连接，如图 1.6 所示。

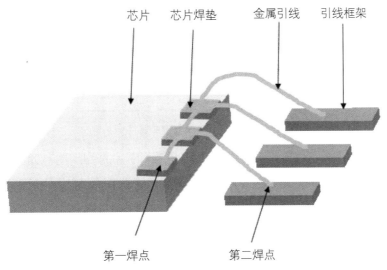

图 1.6　引线键合连接

引线键合完成后，芯片的关键封装基本完成，但是封装还没有全部完成，此时芯片还裸露在空气中，无法在严酷的实际环境下工作。如图 1.7 所示，采用环氧树脂对芯片进行塑封，即芯片塑料，类似于给芯片穿上坚固的防护外衣，从而保护芯片并有利于其工作时散热。

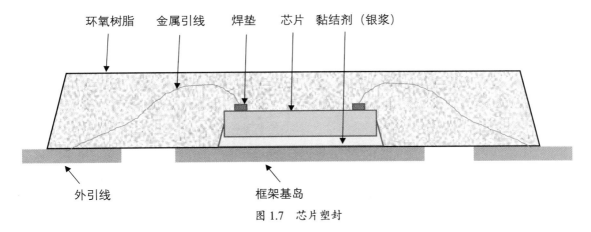

图 1.7　芯片塑封

塑封后的芯片与外部相连的部分是框架或基板的引脚，引脚通常为铜材料，但是铜材料还未经过任何处理，需要对引脚进行电镀，以提高基体金属的焊接性能，降低基体金属的焊接温度，保护基体金属不受外界的污染腐蚀并起装饰作用，如图 1.8 所示。

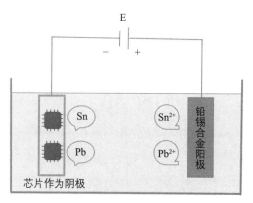

图 1.8　芯片引脚电镀

电镀之后，为了使芯片可以应用于不同的场合，需要对芯片的引脚进行切筋成型操作，如图 1.9 所示，将芯片的引脚弯折成实际需要的各种形状。引脚切筋成型后，芯片的封装工序就完成了。

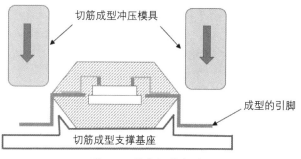

图 1.9　引脚切筋成型

如图 1.10 所示，芯片封装结束后还需要再次进行检测，测试封装后的良率，同时观察不同的封装工序对最终良率的影响，此时的测试称为最终测试（Final Test，FT）。

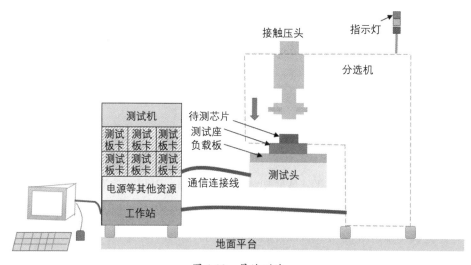

图 1.10　最终测试

1.2　芯片封测的流程

　　芯片封测是按照一定的工艺流程完成的。芯片封测与建造房屋类似。建造房屋时，前期需要采买备齐各种建造所需的材料，如砖瓦、水泥、钢筋、木料等，然后按照设计规划的样式进行基础建造，接着砌砖和浇注水泥，完成底层建造后进行二层和更高层的建造，最终完成房屋的全部建造工作。

　　将芯片从晶圆上切割取下后，安装固定到引线框架或基板上再进行引线键合、塑封、引脚切筋成型，最后完成芯片的封装，如图 1.11 所示。测试用于检测和判断芯片的好坏，同时检查加工工序对芯片功能带来的影响。例如，晶圆测试是在芯片切割分离前的测试，可以检验晶圆制造工序对芯片功能的影响；最终测试是芯片完成封装之后的测试，可以检验芯片封装制造对芯片功能的影响。芯片封装需要很多不同的材料，如芯片键合时需要的引线框架、银浆，引线键合时需要的金属引线，塑封时需要的塑封材料，引脚电镀时需要的电镀药水，等等。

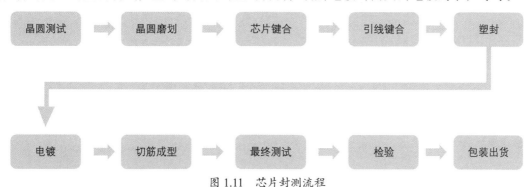

图 1.11　芯片封测流程

　　如同建造房屋需要设计规划，芯片封测同样需要设计规划，包括设计芯片封装需要的框架，选择键合的金属引线材料和线径，以及塑封材料。另外，还需要配置芯片键合所需要的的吸头、引线键合所需要的劈刀，以及芯片的包装盒等。

　　在封装的过程中，工艺方法因条件、材料及应用场合的不同而不同。例如，芯片键合时有使用环氧树脂（Epoxy）导电胶键合和使用晶圆黏结薄膜（Die Attach Film，DAF）键合，引线键合时有热压焊、超声波焊和热超声焊。

　　封装测试更离不开精密可靠的设备仪器，如测试机、分选机、探针台、晶圆磨划时的研磨切割机台、芯片黏结时的黏结键合机台、引线键合时的键合设备、塑封时的塑封机台、电镀时的电镀设备、引脚剪切成型时的机台等。

　　当备齐了封装测试所需要的材料和设备后，芯片便可以开始它的封测之旅。按照一定的工

艺从晶圆测试开始逐步完成封装测试的各道工序，直至得到好的成品，芯片的封测才算真正结束。

　　接下来的章节中，笔者将会带着大家一起学习了解芯片封测的工艺、流程、原理及特点。

第 2 章

晶圆测试

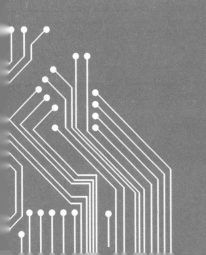
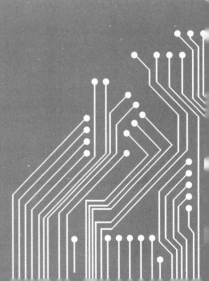

晶圆在晶圆制造厂制造完成后需要测试检验其质量好坏，并确认其在制造工艺方面存在的问题，测试后留下好的芯片进行接下来的封装。晶圆一般是由硅材料制造，现在还有多种其他的半导体材料被用于制造晶圆，如第三代半导体所使用的氮化硅、碳化硅、氮化镓等材料。晶圆是芯片的载体，在经过光罩、蒸镀、蚀刻等多道工艺之后才能完成芯片的制造，图 2.1 所示是制造完成后的晶圆正面外观图。此时晶圆上的芯片称作 Die 或 Chip。（Die 和 Chip 都是芯片的英文，在晶圆测试阶段使用较多，是指还没有经过封装的裸芯。）

如图 2.2 所示，裸芯上分布着的白色方框叫作焊垫（Pad），焊垫用作晶圆测试的接触点及后续的引线键合点，裸芯包含芯片的电路部分。

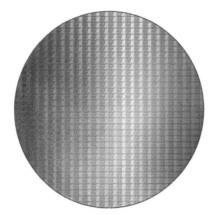

图 2.1　晶圆正面外观图

图 2.2　裸芯

晶圆切割道及芯片的基本结构如图 2.3 所示，图中纵横交叉的部分是用于芯片切割分离的切割道，也叫作划片道、切割街道等。（由于中英文的翻译存在差异及各个封测厂家的命名方式不同，一些术语和名词也有所不同。）

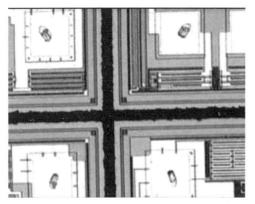

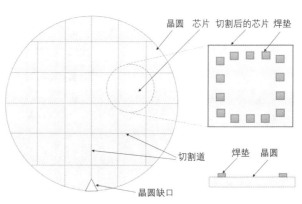

图 2.3　晶圆切割道及芯片的基本结构

晶圆测试使用的设备和配件有测试机、中间连接电路板、探针台、探针卡、清针砂纸等。通过组合使用这些设备和配件测试晶圆上的芯片，也就是测试裸芯。晶圆测试机台基本结构如

图 2.4 所示，主要包含测试机、探针台及连接线等。

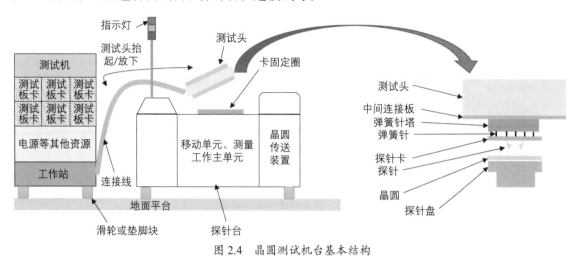

图 2.4 晶圆测试机台基本结构

2.1 测试机及基本测试原理

　　测试机很多时候也称作自动测试设备（Automatic Test Equipment，ATE）。图 2.5 所示是测试机的基本结构，由多块测试板卡、电源、工作站（Work Station）、机架、指示灯及连接线等组成。测试机为芯片提供测试所需要的资源信号，按照测试程序所设定的逻辑规则和测试 Pattern（图形）测量出需要测试的测试值，并将测试值与设定的规范值比较后输出结果，在测试规范值之内的值被判定为 Pass（通过），而超出规范值的值则被判定为 Fail（失效）。测试机将芯片分出对应的 Bin，可以理解为对芯片的统计分类，一般将 Bin1 定义为 Pass Bin，其他 Bin 定义为 Fail Bin，有时还会更详细地将 Pass Bin 再分几类，类似于分出一等品、二等品、三等品等，便于终端客户在不同的应用场景下选用。

图 2.5 测试机基本结构

　　芯片测试是依据待测芯片（Device Under Test，DUT）的特点和功能，为其提供测试激励信号（X），将测试的待测芯片的输出响应（Y）与期望响应值进行比较，判断最终的测试结果通过或失效。图 2.6 所示为芯片测试的原理模型。

根据芯片的类型，芯片测试可以分为数字电路测试、模拟电路测试、混合电路测试、射频（Radio Frequency，RF）电路测试。其中数字电路测试是芯片测试的基础，除少数的纯模拟芯片外，如运算放大器、电压比较器、模拟开关等，现在所使用的大部分芯片都包含数字电路。

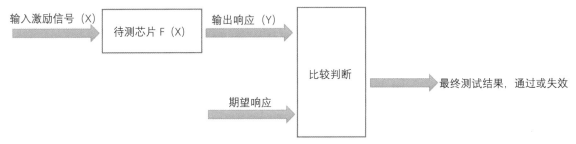

图 2.6 芯片测试的原理模型

图 2.7 所示为测试机，测试机一般按照测试产品的种类区分，有逻辑芯片测试机、存储芯片测试机、电源芯片测试机、显示芯片测试机、射频电路测试机及系统级芯片测试机等。目前测试机市场已形成美国 Teradyne（泰瑞达）和日本 Advantest（爱德万测试）两家公司"双寡头"的局面。

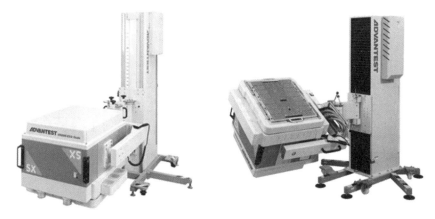

图 2.7 测试机

图 2.8 所示为逻辑芯片测试机，图 2.9 所示为存储芯片测试机，图 2.10 所示为电源芯片测试机。

图 2.8 逻辑芯片测试机　　　图 2.9 存储芯片测试机　　　图 2.10 电源芯片测试机

逻辑芯片测试机的代表型号有 Teradyne 公司的 J750 系列。

存储芯片测试机的代表型号有 Advantest 公司的 T53×× 系列、Credence（科利登）公司的 Kalos 系列。

电源芯片测试机的代表型号有 Teradyne 公司的 ETS 系列、AccoTest（华峰测控）公司的 STS8200。

显示芯片测试机的代表型号有 Yokokawa（横河）公司的 TS67×× 系列、Advantest 公司的 T63×× 系列。

RF 电路测试机的代表型号有 Credence 公司的 ASL-3000 系列、Agilent（安捷伦）公司的 84000 系列。

系统级芯片测试机的代表型号有 Advantest 公司的 93000。

测试机的核心部分是板卡，由电源、精确测量单元、时间测量单元、继电器控制单元等不同功能的板卡组合而成。其作用是产生测量信号、接收处理测量信号、输出保存测试数据，提供精确无误的测量数据是测试环节的根本。

测试数据产生后会被系统捞取放入数据库，产生各类格式的统计数据、测试报表、数据图形及数据总结等，工程师结合系统的分析数据对芯片进行确认，对异常的数据和批次进行分析，处理解决相关的问题。

测试机的板卡、仪器、仪表通过连接线、电缆、插槽等组装连接，成为一个功能完整的测试系统。测试机还装有开关和指示信号灯，方便使用和操作。图 2.11 所示是测试机的板卡和仪表。

图 2.11　测试机的板卡和仪表

如图 2.12 所示，工作站是一台功能比较强大的计算机，安装适应当前测试环境的开发应用软件，测试时程序调用板卡的资源，控制测试机工作，显示和保存测试的结果。

测试机的基本结构如图 2.13 所示，由多个测量的资源模块组合而成。

测试机系统模块的功能介绍如下。

DC（Direct Current，直流电流）子系统包含 DPS（Device Power Supplies，芯片供电单元）、RVS（Reference Voltage Supplies，参考电压

图 2.12　工作站

13

源）及 PMU（Precision Measurement Unit，精密测量单元）部分。

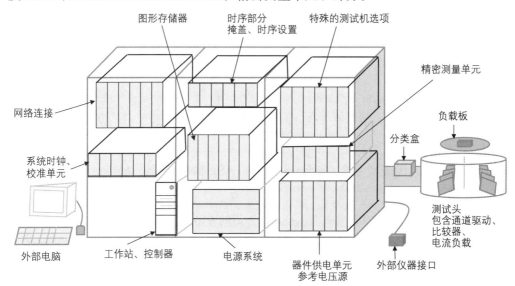

图 2.13　测试机的基本结构

DPS 为被测芯片的电源引脚提供电压和电流。RVS 为系统内部引脚测试单元的驱动和比较电路提供逻辑 0 和逻辑 1 电平，提供参考电压，这些电压设置包括 VIL（输入低电平电压）、VIH（输入高电平电压）、VOL（输出低电压）和 VOH（输出高电压）。性能稍逊的或老旧一些的测试系统只有有限的 RVS，因而在同一时间测试程序只能提供少量的输入和输出电平。Tester Pin（测试针）也叫作 Tester Channel，两者都是指测试机的资源通道。Tester Pin 其实是一种探针，和 Loadboard（负载板）背面的焊垫接触并为被测芯片的引脚提供信号。当测试机的 Pins（测试机的资源通道）共享某一资源时，RVS 又称为 Shared Resource（共享资源）。一些测试系统拥有 Per Pin 结构，即它们可以为每一个 Pin 独立地设置输入及输出信号的电平和时序。

DC 子系统还包含 PMU 电路以进行精确的 DC 参数测试，有些系统的 PMU 也是 Per Pin 结构，安装在 Test Head（测试头）之中。

每个测试系统都有高速的存储器，称为存储测试向量。Test Pattern（测试向量）描绘了芯片设计所期望的一系列逻辑功能的输入输出的状态，测试系统从 Pattern Memory（图形存储向量）或 Vector Memory（向量存储向量）中读取输入信号（驱动信号）的 Pattern 状态，通过 Tester Pin 输送到待测芯片的相应引脚，再从芯片输出引脚读取相应信号的状态，与 Pattern 中相应的输出信号（期望信号）进行比较。当进行功能测试时，Pattern 为待测芯片提供激励并监测芯片的输出，如果有芯片的输入与期望不相符，则判定芯片失效。测试向量有两种类型，分别为 Parallel（并行）向量和 Scan（扫描）向量，大多数测试系统都支持以上两种向量。

Timing（时序）分区存储功能测试需要用到格式、Mask（掩盖）和时序设置等数据和信息，信号格式（波形）和时间沿标识定义了输入信号的格式和对输出信号进行采样的时间点。Timing 分区从 Pattern Memory 接收激励状态（0 或 1），结合时序及信号格式等信息生成格式化的数据输送到驱动电路部分，进而施加到待测芯片。

Special Tester Options（特殊的测试机功能选项）包含一些可配置的特殊功能，如向量生成器、存储器测试和模拟电路测试所需要的特殊硬件结构。

The System Clocks（系统时钟信号）为测试系统提供同步的时钟信号，这些信号通常运行在比功能测试高得多的频率范围，还包括许多测试系统都包含的时钟校验电路。

下面介绍测试机的主要板卡资源。

一、 PMU

PMU 用于精确地测量直流参数。驱动电流进入芯片测量电压，通常称为 Force Current Measure Voltage（简称 FIMV，即加流测压）；或为芯片加上工作电压，测量产生的电流，通常称为 Force Voltage Measure Current（简称 FVMI，即加压测流）。PMU 的数量与测试机的档次有关，低端的测试机往往只有一个 PMU，通过共享的方式逐次使用 Test Channel；中端的测试机则有一组 PMU，通常为 8 个或 16 个，而一组通道往往也是 8 个或 16 个，这样可以整组逐次使用；而高端的测试机则会采用 Per Pin 结构，即每个通道配置一个 PMU。图 2.14 所示为 PMU。

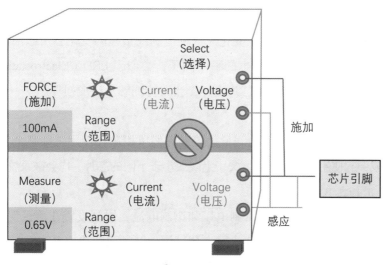

图 2.14　PMU

PMU 的使用细节如下。

1. Force and Measurement Modes（驱动模式和测量模式）

在测试机中，术语 Force（驱动）是指当测试时测试机对被测芯片施加一定的电流或电压，

15

它的替代词是 Apply（施加），在半导体测试专业术语中，Apply 和 Force 表示同样的意思。在对 PMU 进行编程时，驱动功能可选择为电压或电流。如果选择了电流，则测量模式自动被设置成电压；反之，如果选择了电压，则测量模式自动被设置成电流。一旦选择了驱动功能，相应的数值必须同时被设置。

2. Force and Sense Lines（驱动线路和感知线路）

为了提升 PMU 驱动电压的精确度，常使用四条线路的结构：两条驱动线路传输电流，两条感知线路监测我们感兴趣的点（通常是 DUT）的电压。根据欧姆定律，任何线路都有电阻，当电流流经线路时会在其两端产生压降，这样给到 DUT 端的电压往往小于在程序中设置的参数。设置两条独立的（不输送电流）感知线路去检测 DUT 端的电压，而后反馈给电压源，电压源再将其与理想值进行比较，进而作出相应的补偿和修正，以消除电流流经线路产生的偏差。驱动线路和感知线路的连接被称作 Kelvin（开尔文）连接。两条驱动线路指的是图 2.14 中的施加线路，两条感知线路指的是图 2.14 中的感应线路。

3. Range Settings（量程设置）

PMU 的驱动和测量范围在编程时必须被选定，合适的量程设置将保证测试结果的准确性。需要注意的是，PMU 的驱动和测量本身就有范围限制，驱动的范围取决于 PMU 的最大驱动能力，如果程序中设置 PMU 输出 5V 的电压，而 PMU 本身被设置为输出 4V 的电压，最终只能输出 4V 的电压。同理，如果电流测量的量程被设置为 1mA，则无论实际电路中的电流有多大，能测量到的读数都不会超过 1mA。值得注意的是，PMU 无论是驱动的范围还是测量的量程，在连接到 DUT 的时候都不应该再发生变化。这种范围或量程的变化会引起浪涌现象。浪涌是一种信号电压在短时间内急剧变化产生的瞬间高压，类似于 ESD（Electrostatic Discharge，静电泄放）。ESD 会产生瞬间的高压将芯片击坏，会对待测芯片造成损坏。

4. Limit Settings（边界设置）

PMU 有上限和下限两个可编程的测量边界，它们可以单独使用（如某个参数只需要小于或大于某个值）或一起使用。实际测量值大于上限或小于下限的芯片，均会被系统判定为不良品。

5. Clamp Settings（钳制设置）

大多数 PMU 会被测试程序设置钳制电压和钳制电流，钳制设置在测试期间控制 PMU 输出电压与电流的上限，以保护测试操作人员、测试硬件及被测芯片的电路。

当 PMU 用于输出电压时，测试期间必须设置最大输出电流钳制。驱动电压时，PMU 会给予足够的必需的电流以支持相应的电压，对待测芯片的某个引脚，测试机的驱动单元会不断增加电流以驱动它达到程序中设置的电压值。一旦此引脚对地短路（或对其他源短路），而我们没有设置电流钳制，则通过它的电流会一直加大，直到相关的电路，如探针、探针卡、相邻的芯片甚至测试机的通道全部烧毁，将造成很大的损失和影响。

如图 2.15 所示，电流钳制显示 PMU 驱动 5V 电压施加到 250Ω 负载的情况，在实际的测试中，DUT 是阻抗性负载，根据欧姆定律 $I=U/R$ 可知，其上将会通过 20mA 的电流。芯片的规格书可能定义可接受的最大电流为 25mA，这就意味着程序中此电流的上限将会被设置为 25mA，而钳制电流可以设置为 30mA。

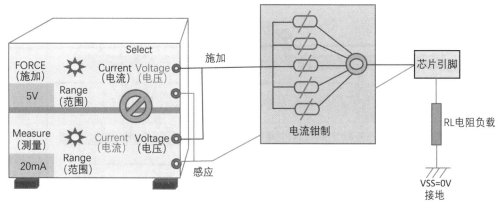

a. 当施加5V的电压，电流的限制是20mA时，设置电流钳制为25mA。
b. 当施加5V的电压，电阻负载是250Ω时，此时的电流输出是20mA。
c. 当施加5V的电压，电阻负载小于等于200Ω时，此时要把电流钳制设置为25mA。

图 2.15　电流钳制示意图

如果某一个有缺陷芯片的电阻负载只有 10Ω，在没有设置电流钳制的情况下，通过的电流将达到 500mA，这么大的电流已经足以对测试系统、硬件接口及芯片本身造成损坏。而如果电流钳制设置在 30mA，则电流会被钳制电路限定在安全的范围内，不会超过 30mA。

电流钳制边界必须大于测试边界的上限，这样当遇到缺陷芯片出现 Fail 时，才能真正保护设备和芯片；否则程序中会提示"边界电流过大"，测试中也不会出现 Fail 了。

除了电流钳制，当 PMU 用于测量电压时，还需要进行相应的电压钳制。电压过大时也会造成异常损坏，需要设置电压钳制进行保护，如图 2.16 所示。

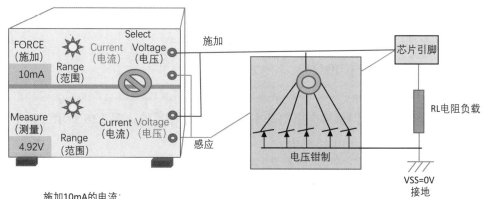

施加10mA的电流：
a. 当电阻负载是500Ω时，此时的电压输出是5V左右。
b. 当电阻负载是开路，电阻无穷大时，此时的电压输出将非常大，电压被钳制，等于钳制电压。

图 2.16　电压钳制示意图

二、 管脚电路

Pin Electrics（PE，电子针）、Pin Card（针卡）、Pin Electronics Card（PE 卡）或 I/O Card（输入 / 输出卡），都指的是管脚电路，是测试系统资源和待测芯片之间的接口，为待测芯片提供输入信号并接收待测芯片的输出信号。图 2.17 所示是管脚电路示意图。

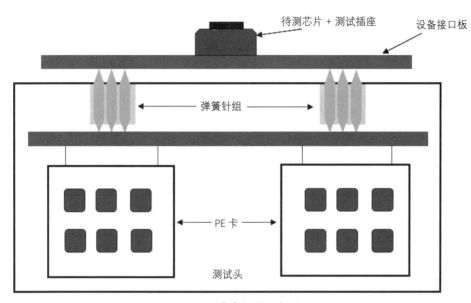

图 2.17　管脚电路示意图

每个测试系统都有自己独特的设计，但是管脚电路通常都会包括以下结构：

- 提供输入信号的驱动电路；
- 驱动转换及电流负载的输入输出切换开关电路；
- 检验输出电平的电压比较电路；
- 与 PMU 的连接电路（连接点）；
- 可编程的电流负载。

有的系统还包括以下结构：

- 用于高速电流测试的附加电路；
- Per Pin 的 PMU 结构。

尽管有着不同的变种，但管脚电路的基本结构是一脉相承的，图 2.18 所示为数字测试系统的数字测试通道的典型 PE 卡电路结构。

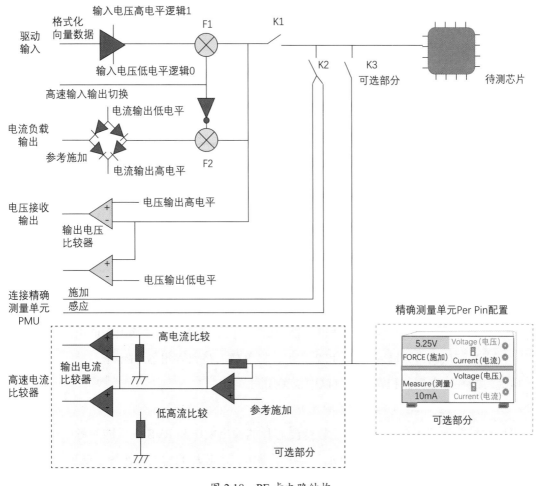

图 2.18　PE 卡电路结构

1. Driver（驱动单元）

驱动单元从测试系统的其他相应环节获取格式化的信号，称为 FDATA（Formatted Data，格式化的数据）。当 FDATA 通过驱动电路时，从 RVS 获取的 VIL/VIH 参考电平被施加到格式化的数据上。

如果 FDATA 命令驱动单元去驱动逻辑 0，则驱动单元会驱动 VIL 参考电压。VIL 指施加到待测芯片的输入管脚仍能被待测芯片内部电路识别为逻辑 0 的最高保证电压。

如果 FDATA 命令驱动单元去驱动逻辑 1，则驱动单元会驱动 VIH 参考电压。VIH 指施加到待测芯片的输入管脚仍能被待测芯片内部电路识别为逻辑 1 的最低保证电压。

F1 场效应管用于隔离驱动电路和待测芯片，在进行输入与输出切换时充当快速开关。当测试通道被程序定义为 Input（输入）时，场效应管 F1 导通，开关（通常是继电器）K1 闭合，使信号由 Driver 输送至待测芯片。当测试通道被程序定义为 Output（输出）或 Don't Care（不

关心状态），F1 截止，K1 断开，则驱动单元上的信号无法传送到待测芯片上。F1 只可能处于其中的一种状态，这样就保证了驱动单元和待测芯片同时向同一个测试通道送出电压信号的 I/O 冲突状态不会出现。

2. Current Load（电流负载单元）

电流负载也叫动态负载，在功能测试时连接到待测芯片的输出端充当负载的角色，由程序控制，提供从测试系统到待测芯片的正向电流或从待测芯片到测试系统的负向电流。

电流负载提供 IOH（Current Output High，电流输出高电平）和 IOL（Current Output Low，电流输出低电平）。IOH 指当待测芯片输出逻辑 1 时其输出管脚必须提供的电流总和；IOL 则相反，指当待测芯片输出逻辑 0 时其输出管脚必须接纳的电流总和。

当测试程序设定了 IOH 和 IOL，VREF 参考电压就设置了它们的转换点。转换点决定了是 IOH 起作用还是 IOL 起作用：当待测芯片的输出电压高于转换点时，IOH 提供电流；当待测芯片的输出电压低于转换点时，IOL 提供电流。

F2 和 F1 一样，也是一个场效应管，在输入与输出切换时充当高速开关，并隔离电流负载电路和待测芯片。当程序定义测试通道为输出时，则 F2 导通，允许输出正向电流或抽取反向电流；当定义测试通道为输入时，则 F2 截止，将负载电路和待测芯片隔离。

电流负载在三态测试和开短路测试中也会用到。

3. Voltage Receiver（电压比较单元）

电压比较单元用于功能测试时比较待测芯片的输出电压和 RVS 提供的参考电压。RVS 为有效的逻辑 1（VOH）和逻辑 0（VOL）提供了参考：当芯片的输出电压等于或小于 VOL 时，则认为它是逻辑 0；当芯片的输出电压等于或大于 VOH 时，则认为它是逻辑 1；当芯片的输出电压大于 VOL 而小于 VOH 时，则认为它是三态电平或是无效输出。

4. PMU Connection（PMU 连接点）

当 PMU 连接到芯片引脚时，K1 先断开，然后 K2 闭合，用于将 PMU 和 PE 卡的 I/O 电路隔离开来。

5. High Speed Current Comparators（高速电流比较单元）

相对于为每个测试通道配置 PMU，部分测试系统提供了快速测量小电流的另一种方法。即可快速进行 Leakage Current（漏电流）测试的电流比较器，开关 K3 控制它与待测芯片连接与否。如果测试系统本身就是 Per Pin PMU 结构的，那么这部分就不需要了。

6. PPPMU（Per Pin PMU）

一些系统提供 PPPMU 的电路结构，以支持对待测芯片每个引脚同步进行电压或电流测试。与 PMU 一样，PPPMU 可以驱动电流测量电压或驱动电压测量电流。但是标准测试系统的 PMU 的其他功能 PPPMU 则可能不具备。

三、　功能测试

功能测试是数字电路测试的根本，它模拟芯片的实际工作状态，输入一系列有序或随机组合的测试图形，以电路规定的速率作用于被测芯片，在电路输出端检测输出信号是否与预期图形数据相符，以此判断电路功能是否正常。其关注的重点是图形产生的速率、边沿定时控制、输入 / 输出控制及屏蔽选择等。

功能测试分为静态功能测试和动态功能测试。静态功能测试一般是使用真值表方法来发现Stuck-at（固定型）的故障。动态功能测试则以接近电路工作频率的速度进行测试，其目的是在接近或高于芯片实际工作频率的情况下，验证芯片的功能和性能。

功能测试一般在 ATE 上进行。ATE 测试可以根据芯片在设计阶段的模拟仿真波形，提供具有复杂时序的测试激励，并对芯片的输出进行实时的采样、比较和判断。

功能测试是为了验证待测芯片是否能正确实现所设计的逻辑功能，为此需生成测试向量或真值表以检查待测芯片中的错误，真值表检查错误的能力可用故障覆盖率衡量，测试向量和测试时序组成功能测试的核心。

当执行功能测试时，必须考虑待测芯片性能的所有方面，必须仔细检查下列项的准确值。

- VDD Min/Max（芯片的电源电平）。
- VIL/VIH。
- VOL/VOH。
- IOL/IOH。
- VREF IOL/IOH（切换点）。
- Test Frequency（测试频率）。
- Input Singal Timings（输入信号时间 / 建立时间 / 保持时间 / 控制时间）。
- Input Singal Formats（输入信号波形）。
- Output Timings（输出周期内何时采样）。
- Vector Sequencing（向量文件的起始 / 终止点）。

在功能测试中需要利用测试系统的大部分资源，所有的功能测试都由两个不同的部分组成——主测试程序中的测试向量文件和指令集。测试向量文件代表需测试的 DUT 的输入输出的逻辑状态，测试程序包括控制测试硬件产生必需的电压、波形和时序需要的信息。图 2.19所示是功能测试的原理框图。

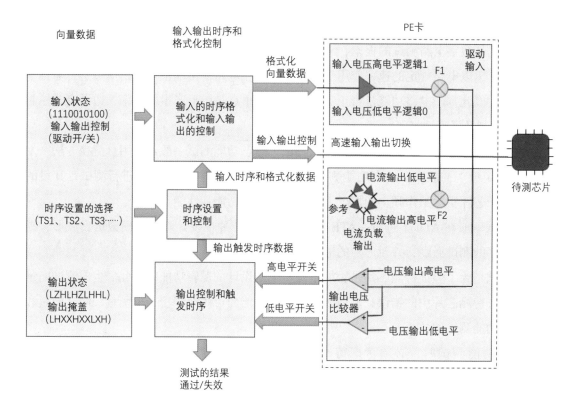

图 2.19 功能测试原理框图

执行功能测试时，测试系统给待测芯片提供输入数据并逐个周期、逐个引脚地监测待测芯片的输出。如果任何引脚输出逻辑状态、电压、时序与期望的不符，则功能测试就无法通过。

Test Cycle 或 Test Period（测试周期）是基于芯片测试过程中的工作频率而定义的每单元测试向量所持续的时间，其公式：$T=1/F$，T 为测试周期，F 为测试频率。

每个周期的起点称为 Time Zero（计时起点）或 T0。功能测试建立时序的第一步是定义测试周期的时序关系。

芯片在生产测试之前由测试工程师将程序开发调试完成。测试工程师依据 Test Plan（测试计划）、Data Sheet（数据表）、Die Spec（芯片参数规范）开发和调试芯片测试所需的程序代码，设置测试项目的 Limit（测试项目的最大与最小限制值），设置分类 Bin Number，设定测试项目的先后顺序，Debug（针对程序开发测试过程中出现的错误和异常进行纠正，即排除错误）程序等，使用调试的晶圆试跑验证，确认数据正常无误后交付生产线测试。

表 2.1 所示是 Spec（测试规范）的部分内容，主要包含测试的参数、测试条件、测试的最大与最小限制值及单位等。测试条件规定了测试时施加的电压或电流，条件不可以随意更改，否则会影响芯片的性能，因为测试条件是在芯片设计时已经定好的，以验证在规定的条件下检验产品的性能是否达到设计的要求。在程序中设置测试项目的最大与最小限制值，是将实际的

量测值和限制值做比较，低于最小值或高于最大值的芯片都被定义为失效。

表 2.1　测试规范部分内容

参数	描述	测试条件	最小值	最大值	单位
VOH	Output HIGH Voltage	V_{CC}=4.75V，I_{OH}= −2.6mA	2.4		V
VOL	Output Low Voltage	V_{CC}=4.75V，I_{OL}= 24.0mA		0.4	V
IIL	Input Low Load Current	V_{in}= 0.4V	−800		μA
IIH	Input High Load Current	V_{in}= 2.4V		150	μA

　　测试计划也是类似于测试规范的文件，相比之下测试计划的内容更加详细，分为多页的测试说明，包括测试项目名称、测试分类信息、测试条件和测试描述等，对于功能比较复杂的芯片测试一般会使用测试计划，如图 2.20 所示。

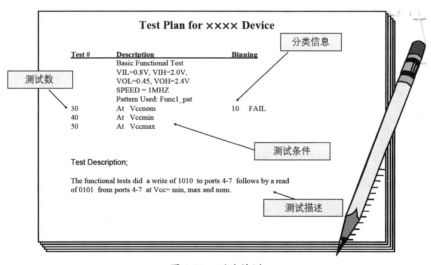

图 2.20　测试计划

　　如图 2.21 所示，测试时测试机按照程序所设定的顺序将所有的项目测试完成，当芯片在测试时遇到不同的项目失效时会输出 FAIL Bin 值并显示失效，同时在工作站的电脑显示屏幕上显示测试结果，所有的原始数据都会被保存，直至所有的测试项目完成后测试才结束，最后通过了所有测试项目的芯片才是良品。良品有时并非只有 Bin1 一个分类项目，为了利用次等级的芯片，可能还会再分出其他的分类项目作为通过项。最后良品将进行后续的芯片封装。

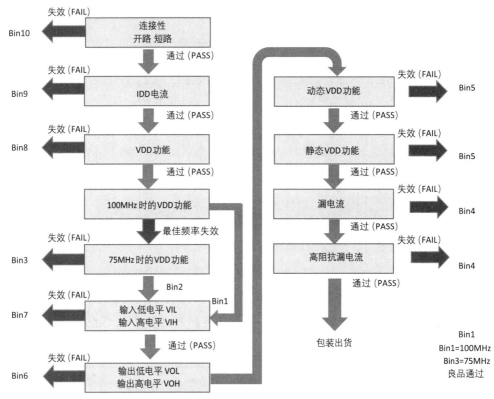

图 2.21 测试项目分 Bin 分类过程范例

当测试完成后测试机输出测试结果和报表供工作人员查看。PASS 项是通过的项目，FAIL 项是失效的项目。Summary（测试报表）展示统计之后的各个批次、各个 Bin 的 PASS/FAIL 数量及良率等信息。

图 2.22 所示中测试的项目是输出高电压，可以发现 Pin2 和 Pin6 两个项目出现了失效。其中，Pin2 的失效值为 2.34V，略低于最低限定值 2.4V，判定为失效，Pin6 的失效值为 –0.782V，也被判定为失效。

Datalog of: VOH/IOH

Serial/Static test using the PMU

Pin	Force/rng	Meas/rng	Min	Result
Pin1	-5.2mA/ 10mA	4.30V/8V	2.40 V	PASS
Pin2	-2.0mA/ 10mA	2.34V/8V	2.40 V	FAIL
Pin3	-5.2mA/ 10mA	3.96V/8V	2.40 V	PASS
Pin4	-5.2mA/ 10mA	3.95V/8V	2.40 V	PASS
Pin5	-8.0mA/ 10mA	3.85V/8V	2.40 V	PASS
Pin6	-8.0mA/ 10mA	-0.782V/8V	2.40 V	FAIL

图 2.22 测试输出结果范例

图 2.23 所示的统计报表中展示的是各个测试项目的名称、数量及良率等，其中通过测试项目 Bin1 的有 30 颗，良率为 30%，通过测试项目 Bin2 的有 50 颗，良率为 50%，Bin1 和 Bin2 都被归类为通过的 Bin，最后的良率为 80%，而失效的数量是 20 颗，失效率为 20%。

TEST SUMMARY

	TOTAL UNITS	% OF TOTAL
TOTAL TESTED.....................100		
TOTAL PASSED BIN1.....................30		30
TOTAL PASSED BIN2.....................50		50
TOTAL FAILED.....................20		20
CONTINUITY (SHORTS) FAILURES............1		1
CONTINUITY (OPENS) FAILURES............2		2
GROSS IDD AT VDDMAX......................0		0
GROSS FUNCTIONAL AT VDDMIN.............7		7
GROSS FUNCTIONAL AT VDDMAX.............0		0
100 MHZ FUNCTIONAL AT VDDMIN..........50		
100 MHZ FUNCTIONAL AT VDDMAX...........0		
75 MHZ FUNCTIONAL AT VDDMIN.............0		0
75 MHZ FUNCTIONAL AT VDDMAX.............0		0
VIL/VIH FUNCTIONAL AT VDDMIN...........1		1
VIL/VIH FUNCTIONAL AT VDDMAX...........0		0
VOL/VOH DC STATIC AT VDDMIN............3		3
IDD DYNAMIC AT VDDMAX..................4		4
IDD STATIC AT VDDMAX...................2		2
IIL/IIH AT VDDMAX......................0		0
IOZL/IOZH AT VDDMAX....................0		0
Power Supply Alarms....................0		
Average Static IDD....................26.8uA		

图 2.23　测试统计报表范例

2.2　探针台

探针台也称为探针机，是晶圆测试中重要的执行设备，负责将晶圆按一定的顺序传送到机器内，并将晶圆传送到水平度和精度极高的承载台，然后选择 Recipe（配方，每种产品在测试前都需要建立一个对应的配方，用来执行传送、定位、走向和清针等一系列的操作）执行自动测试。测试中探针台自动换片，实时显示测试的 Bin 值和相关的测试报表到探针台的屏幕，每一片晶圆测试完成后都会生成相应的文档，文档会被保存和上传到指定的路径下供系统采集。测试完成一个批次后晶圆自动退出，而后探针台提示当前批次已测试完成，需要更换新的批次继续测试。

一、 探针台种类

目前，市面上的探针台以日本、韩国生产的为主，代表机型有日本东京精密公司的 TSK 探针台、日本东京电子公司的 TEL 探针台和韩国 SEMICS 公司的 OPUS 探针台等。

（1）TSK 探针台是由日本东京精密公司推出的。日本东京精密公司是最大的探针台供应商，1964 年设计发布了第一台探针台。日本东京精密公司对于 TSK 探针台的研究非常深入、专业，影响到后来很多其他品牌探针台的设计制造，如市面上普遍通用的 TSK 文件都是借鉴了其专业、易用的特点。TSK 探针台的种类较多，可以测试 6 英寸（15.24 厘米）、8 英寸（20.32 厘米）、12 英寸（30.48 厘米）的晶圆，主流型号有 UF200 系列、UF2000 系列、UF3000 系列。图 2.24 所示是 TSK 探针台的主流型号。

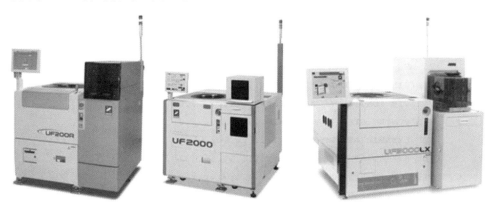

图 2.24　TSK 探针台的主流型号

（2）TEL 探针台是由日本东京电子公司推出的。日本东京电子公司是日本最大的半导体设备供应商，除了制造探针台，该公司的主要产品还包括晶圆制造设备，如涂布 / 显像设备、热处理成膜设备、干法刻蚀设备、湿法清洗设备等。TEL 探针台主要用于测试 8 英寸、12 英寸的晶圆，设备的性能精密、稳定，主流型号有 P8 系列、P12 系列。图 2.25 所示是 TEL 探针台的主流型号。

（3）OPUS 探针台是韩国 SEMICS 公司推出的。OPUS 探针台的操作界面比较人性化，人机交互好，可以像操作计算机一样进行远程控制。OPUS 探针台主要用于测试 8 英寸、12 英寸的晶圆，机台性价比相对较高，主流型号有 OPUS 系列。图 2.26 所示是 OPUS 探针台的主流型号。

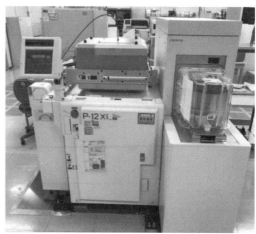

图 2.25　TEL 探针台的主流型号

图 2.26　OPUS 探针台的主流型号

二、探针台结构

各个公司的探针台结构和外形存在差别，但是基本工作原理是一致的，都有 X、Y、F 轴的三维运动空间结构，即探针台可以左、右、前、后、上、下移动晶圆与探针卡接触并进行测试。晶圆承载台牢固地吸附并固定晶圆，清洁块（Cleaning Pad，清针砂纸贴附在清洁块上）用于清洁探针卡的针尖，使针尖和焊垫之间保持良好的接触电阻。

如图 2.27 所示，探针台最主要的部分是移动单元、测量工作主单元、晶圆传送装置及探针卡固定圈。

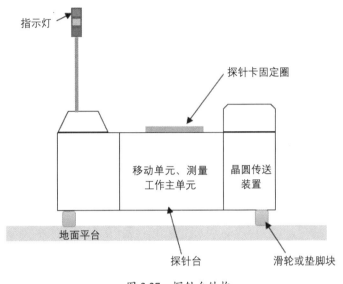

图 2.27　探针台结构

（1）移动单元是由驱动电机和传送皮带组合而成的一套非常精密的机械系统，X 轴实现晶圆承载台在左右方向的移动，Y 轴实现晶圆承载台在前后方向的移动，F 轴实现晶圆承载台在上下方向的移动。这样晶圆就可以在细微的空间内精确地移动，从而完成对芯片焊垫的定位和测试。图 2.28 所示是探针台的移动单元。

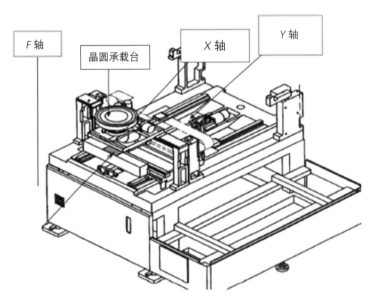

图 2.28　探针台的移动单元

（2）测量工作主单元内部主要部件有对针摄像头、驱动马达、清洁块、晶圆承载台及轮廓传感器等。探针卡针尖的聚焦捕捉是通过对针摄像头拍摄完成的，完成针尖的正确对针后，才能使针尖和芯片的焊垫位置准确对位。驱动马达驱动 X 轴、Y 轴、F 轴的丝杆精确地移动。轮廓传感器感测晶圆所在的位置。图 2.29 所示是探针台的测量工作主单元部件。

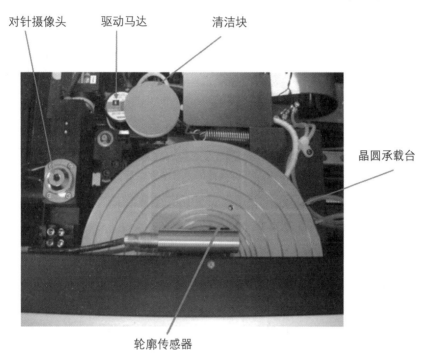

图 2.29　探针台的测量工作主单元

三、探针台的使用

在正式生产测试前必须建立探针台的配方。配方需要根据芯片的尺寸、晶圆的 Map（指的是晶圆上所有芯片组合而成的圆状图形）信息及探针卡的结构分步建立。探针台的配方须设置晶圆、Map、Needle（探针卡的探针，在对针时或在晶圆测试阶段常称作 Needle）、晶圆的角度等一系列的参数信息且经过试跑验证没有任何异常后才能用作生产测试。建立的步骤包括测量 Index Size（晶圆上固定排列的芯片尺寸），圈选 Reference Pattern（参考图形，探针台在寻找晶圆的位置时需要有参考图形作为定位点）和 Needle Alignment Pad（探针台执行对针动作时需要在芯片上寻找的对应焊垫），试打针痕，建立测试图形。图 2.30 所示是探针台的配方的参数设置。

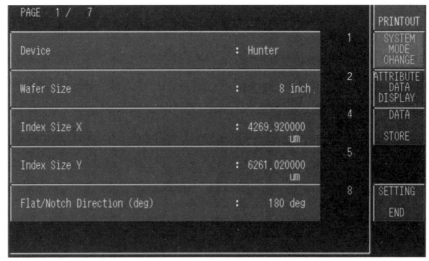

图 2.30　探针台的配方的参数设置

　　探针台的配方建立完成之后，生产作业人员按照每个产品具体对应的探针台的配方信息进行选择，而后开始实际的设定操作。生产时的设定操作包括 Wafer ID 设定（每片晶圆都有其对应的片号信息，片号一般被刻在晶圆的边缘缺口或平边的位置）、Lot Management 设定（批次信息的设定管理，每一个批次都有对应的批次信息，不可以错误设置）、Map Output/Input 设定（设定是否输出或输入晶圆图形，用于将晶圆的测试数据导出或导入探针台）、Multi-Pass 参数设定（多个项目的设定通过，用于重测时设置多个测试 Bin）、Map Pass/Fail 参数设定（晶圆图形的通过或失效）、Needle Clean 参数设定（设定清针的频率等信息）、Yield Check（良率检查）参数设定、Continuos Fail 参数设定（连续失效的设置，测试时连续失效的次数超过设定值后机台报警提醒工作人员及时处理异常）、Miscellaneous（其他参数）的设定等。

　　晶圆测试时保持针尖的干净非常重要。当针尖上有任何的脏污粉尘时，针尖的阻抗就会变大，从而影响测试的结果，很多时候会直接导致测试失效，在有异物桥接两根针时会导致烧针异常。清针通常采用下卡清洁和机台在线清洁的方式，测试时大部分情况下都是采用机台在线清洁的方式，在在线清洁无法清洁干净或探针卡需要进行保养的情况下，才将探针卡从探针台取下进行手动清洁。机台在线清洁要使用清洁块，首先在清洁块上粘贴清针砂纸，砂纸需要粘贴得平整无气泡，有气泡突起会导致清洁时针尖被碰撞损坏，贴好砂纸的清洁块被安装到探针台，在设置好砂纸的清针范围和清针频率等参数后才可以使用。每种探针卡都有配套的清针砂纸型号，如果砂纸型号使用错误将会加大针尖的磨损程度或没有清洁效果，因此在使用时需要标注好每种针卡对应的砂纸型号。

　　在购买清针砂纸时供应商一般会提供砂纸的说明书或推荐表，说明每种砂纸的特征。探针卡供应商在售卖探针卡时也会告知或标注探针卡所匹配的砂纸型号。表 2.2 所示为常用的清针砂纸的型号及特征。

表 2.2　常用的清针砂纸的型号及特征

种类	砂纸型号	颗粒平均尺寸（μm）	基底材料	砂纸颜色	砂纸特征
PET	WA4000	3	聚对苯二甲酸乙二醇酯（一种热塑性聚酯）	黄色	适合针尖的清洁
	WA6000	2		白色	
	WA8000	1		淡粉色	有非常好的清洁效果，比较适合平头针的清洁
	GC6000	2		灰色	
PF3	GC4000	3	聚氨酯泡沫	灰色	适合针尖的清洁，很少会对针造成损伤
	GC6000	2		灰色	比较合适平头针的清洁
	GC8000	1		棕褐色	可以在温度达到 130 摄氏度的情况下使用
SWE	WA4000	3	聚氨酯泡沫	黄色	适合针尖的清洁，很少会对针造成损伤 适用于圆头针和皇冠针的清洁
	WA6000	2		绿色	
	WA8000	1		粉色	
	WA10000	0.5		橙色	
	SI10000	0.5		橙色	
BC3	GC4000	3	聚对苯二甲酸乙二醇酯＋聚烯烃	灰色	适合针尖的清洁，很少会对针造成损伤 比较适合悬臂针的清洁
	GC6000	2		灰色	
	GC8000	1		灰色	
	GC10000	0.5		灰色	

　　清针砂纸一般由四层结构组成。最上层是研磨层，用于对针尖进行研磨抛光；下一层是基底材料层；再下一层是黏附层，其作用是将砂纸黏附到清洁块或清针圆片上；最底层是剥离层，剥离层揭开后使黏附层和清洁块或清针圆片相黏附。图 2.31 所示为清针砂纸的结构。

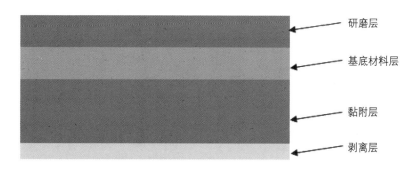

图 2.31　清针砂纸的结构

　　下面着重介绍表 2.2 中提到的四种不同种类的砂纸 PET、PF3、SWE、BC3 的结构特点。

　　PET：基底材料使用的是聚对苯二甲酸乙二醇酯，属于热塑性聚酯材料。图 2.32 所示为

PET 砂纸的结构。

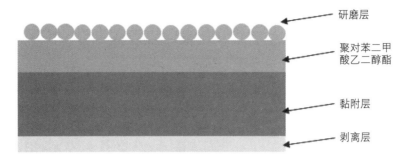

图 2.32 PET 砂纸的结构

PF3：基底材料使用的是形状相对比较规则的聚氨酯泡沫。图 2.33 所示为 PF3 砂纸的结构。

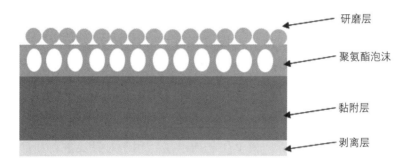

图 2.33 PF3 砂纸的结构

SWE：基底材料使用的是形状不太规则且凹凸不平的聚氨酯泡沫。图 2.34 所示为 SWE 砂纸的结构。

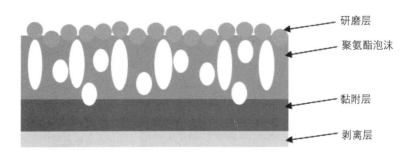

图 2.34 SWE 砂纸的结构

BC3：基底材料使用的是聚对苯二甲酸乙二醇酯＋聚烯烃，和 PET 砂纸结构类似，特点是黏附层相对比较厚。图 2.35 所示为 BC3 砂纸的结构。

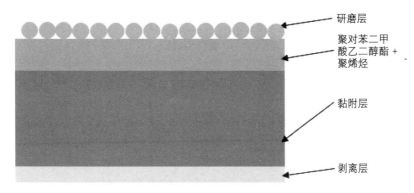

图 2.35　BC3 砂纸的结构

清针砂纸在使用前必须用防尘袋包装好，不能受到粉尘等脏污的污染或出现压痕，因为污染和压痕等异常因素会影响砂纸的正常使用，严重时甚至会损坏探针。在不使用时需要将清针砂纸存放到氮气柜中。图 2.36 所示为不同类型的清针砂纸。

图 2.36　不同类型的清针砂纸

图 2.37 所示为测试时探针的基本动作过程。测试时针尖接触芯片的焊垫。焊垫一般由铝制成，表面有氧化物，在 OD（OverDrive，探针行程）的作用力下针尖向前滑动一段距离。为了使针尖和芯片的焊垫接触良好，需要施加一定的力使两者接触到位，要扎得深浅合适，不能扎得太深也不能扎得太浅。探针卡在测试了一定的 Touchdown 次数后（探针和芯片的焊垫相互接触一次即为扎下一次，也称为 Touchdown 一次，完成一整片晶圆测试会进行多次 Touchdown），探针台按照设定的清针频率对探针卡进行自动清针，清针即针尖接触清针砂纸进行磨针或清洁砂纸粘黏针尖上的异物。机台在线清洁不干净时，需要多次清洁甚至下卡进行手动清洁。

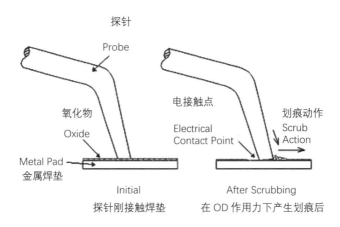

图 2.37　测试时探针的基本动作过程

探针卡的针尖和芯片的焊垫接触一定的次数后，达到机台设定的自动清针频率后探针开始清针，探针卡的针尖与清针砂纸相接触，实际的清针动作是探针卡固定不动，而晶圆承载台进行运动。以下是几种常见的清针模式。

（1）针尖前后移动：针尖在砂纸上前后移动进行清针以去除脏污。图 2.38 所示为针尖前后移动的示意图。

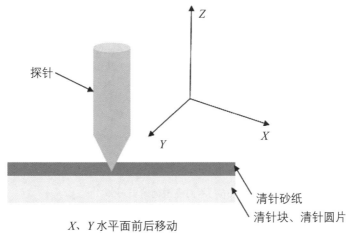

图 2.38　针尖前后移动

（2）针尖对角线斜向移动：针尖在砂纸上对角线斜向移动进行清针以去除脏污。图 2.39 所示为针尖对角线斜向移动的示意图。

（3）针尖多边形移动：针尖在砂纸上多边形移动进行清针以去除脏污。图 2.40 所示为针尖多边形移动的示意图。

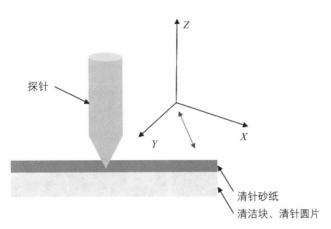

图 2.39　针尖对角线斜向移动

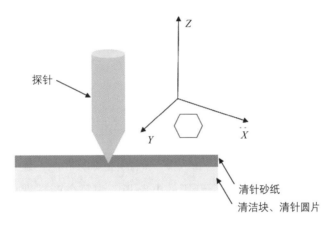

图 2.40　针尖多边形移动

（4）针尖上下移动：针尖在砂纸上做上下移动进行清针以去除脏污。一般使用带有黏性的清针砂纸，利用砂纸的黏性去除脏污。图 2.41 所示为针尖上下移动的示意图。

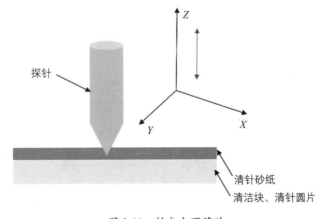

图 2.41　针尖上下移动

在显微镜下或探针台的高倍放大镜下可以观察到当探针卡测试一定的 Touchdown 次数之后，未清针前的针尖带有较多的异物或脏污，在清针后，异物或脏污基本去除干净。图 2.42 所示为针尖清针前后的效果对比。

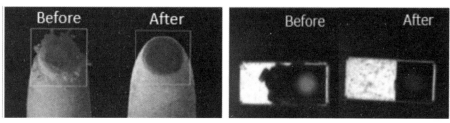

图 2.42　针尖清针前后的效果对比

针尖清针干净后继续测试，否则测试会由于针尖不干净而出现连续的失效或 Overkill（即过杀或误宰，是指将好的芯片误测为坏的，测试中需要减少和避免 Overkill）。

2.3　探针卡

探针卡（Probe Card）简称针卡，是晶圆测试时的主要配件，它连通测试机的板卡资源到晶圆上的芯片，也可以理解为是一个专用的电路板，为每个产品量身定做。如图 2.43 所示，探针卡起连接资源的媒介作用，测试时测试机的资源信号通过测试头加到探针卡，探针卡再把信号传递到 DUT/Site。DUT/Site 指的是探针卡的一个单元位置，即对应的一颗芯片的测试位置，为了提高测试的效率，通常情况下探针卡被制作成多个 Site，以使同一时间并行测试多颗芯片。

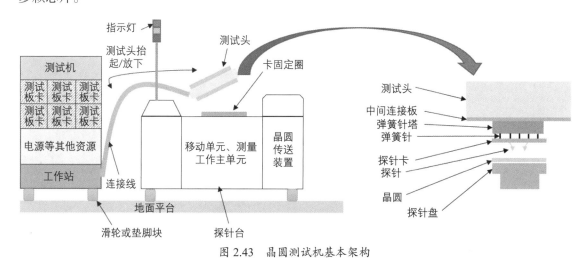

图 2.43　晶圆测试机基本架构

在测试待测芯片之前，必须使用设备接口板（Device Interface Board，DIB）将待测芯片连接到测试机。典型的互连方案如图 2.44 所示。测试裸芯时，探针卡的探针和芯片进行接触。测试封装后的成品时，测试座及分选机的接触器组件为芯片和设备接口板提供接触的条件。测试机通过一层或多层的连接器，如弹簧针组件或边缘连接器将测试资源连接到设备接口板，设备接口板再和探针卡进行接触。不同类型的测试机的连接方案存在差异，具体取决于机台供应商的机械和电气设计。

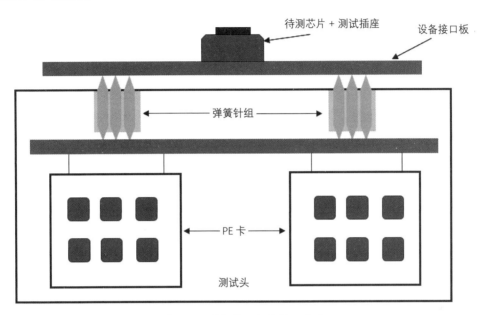

图 2.44　设备接口板结构示意图

探针卡按结构类型可分为悬臂针卡、垂直针卡、刀片针卡、膜式针卡和 MEMS（Micro-Electro-Mechanical System，微机电系统）针卡等，其中应用最多的类型是悬臂针卡和垂直针卡。探针卡主要由印刷电路板、探针及其他连接部件组成，根据探针卡电路和设计的不同，还会安装电子元器件、补强板。补强板一般采用钢圈或钢板制作，以加强印刷电路板的刚性。特别是较大尺寸的探针卡需要安装补强板，以在测试时保持电路板的水平度，使其不易产生变形翘曲。

1. 悬臂针卡

悬臂类似于人手臂的形状，针头则类似于手腕弯折向下的形状。传统的焊垫一般分布于芯片的周边并且数量不多，对应探针的数量也较少。悬臂针卡适用于普通芯片的测试，性价比高。图 2.45 所示为晶圆和普通芯片焊垫基本结构。

如图 2.46 所示，悬臂针卡的结构包含探针、探针环、印刷电路板等。印刷电路板是探针、探针环、其他功能部件的载体，实现针尖与测试机信号的连接传递。印刷电路板的接触针或接触点用于和测试机的资源接口板相接触。探针环俗称"蜘蛛"，因制作完成后的探针环形状类似于蜘蛛而得名。探针环利用环氧树脂将探针包覆起来，并经过烘烤固化，使探针的位置固定。探针的针尾都会被焊接到印刷电路板的焊接点上。

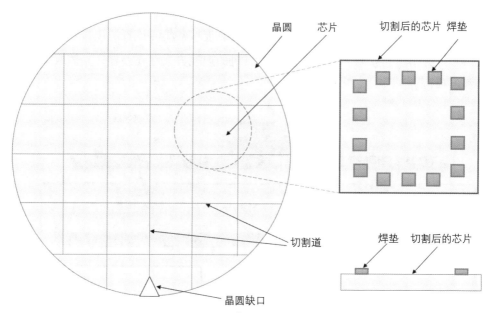

图 2.45　晶圆和普遍芯片焊垫基本结构

探针卡的外形、尺寸受接口样式的制约，常见的外形有方形、圆形及其他特殊的形状。材质也受测试环境的限制。

悬臂针卡常用的探针材质有 Tungsten（W，钨）、RheniumTungsten（RW，铼钨 3%R，97%W）、Beryllium-copper（BeCu，铍铜）、Paliney7（P7），其中铼钨针使用的最多。

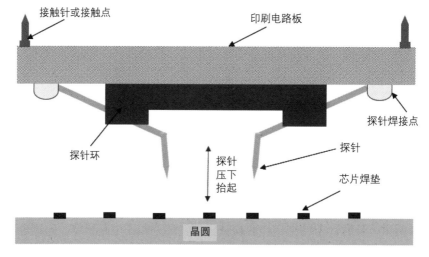

图 2.46　悬臂针卡的结构示意图

经过很多年的发展，悬臂针卡的制作已经是比较成熟的工艺技术，基本通过手工制作，将不同工序制作完成的零部件组装，检验合格后才可以出货。图 2.47 所示为悬臂针卡的结构。

 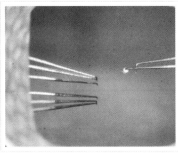 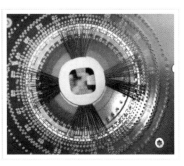

制作完成的探针卡　　　　　　　显微镜下的探针　　　　　　　焊接好的探针环

图 2.47　悬臂针卡结构

探针卡的第一个制作工序是弯针，按照探针卡设计图纸所需的探针的数量和规格，领取待加工的原始探针，架好折弯治具将针尖折弯出需要的长度和角度，再检查确认长度和角度是否合格，直至完成工单规定的所有探针。

第二个制作工序是探针环的制作，先植针，将已经折弯好的探针按照一定的序列和层次排列并安装固定。探针环按照图纸的样式使用治具制作成圆环或矩形等形状。将已修正中间通孔的印刷电路板与探针环进行组装，需要多次检查角度、探针深度及平面度，检查没有问题后回填环氧树脂，并烘烤固化成型。

第三个制作工序是与印刷电路板进行电气连接，即焊接处理，将探针的针尾与印刷电路板上对应的资源点进行焊接。焊接前先将探针套上套管，以保护探针并避免探针之间出现短路现象，焊接后清洁印刷电路板上的焊接点，使用万用表检查探针之间是否出现短路，最后用超声波清洗探针卡，吹干并检查外观。

第四个制作工序是进行探针卡水平和针位的调整，将水平和针位调整到出厂规格范围之内，再进行针尖细调、针位检查及针尖的打磨倒圆等步骤。

第五个制作工序是按照设计要求在印刷电路板上焊接所有的电子元器件和接插件，焊接后用酒精清洁或用超声波清洗，吹干并检查外观。

第六个制作工序是检测，将探针卡送到检测站测试是否合格，主要测试探针卡印刷电路板上的电阻、电容值及漏电情况等参数，不合格需要返修的探针卡将退回到相应的加工站点进行返工，直至通过测试，打印出厂合格报告连同探针卡一起包装到箱子或盒子内，这样就完成了悬臂针卡的所有制作工序。

2. 垂直针卡

不同结构类型的针卡适用于不同的生产情况，对于芯片中间分布测试焊垫且测试点较多的晶圆，普通的悬臂针卡不能完成测试任务，需要采用高端的垂直针卡。垂直针卡一般采用垂直针将探针卡的针头顶面、针位限位器、针头基底面等组合起来，与印刷电路板的资源接触点对应连接，实现电气连通。垂直针卡有多种类型的组装制作方式。由于制作复杂、零件细小且加工非常精密，通常定制一张垂直针卡的价格在几万元至几十万元不等，维护的成本也比较高。图 2.48 所示为垂直针卡组装结构。

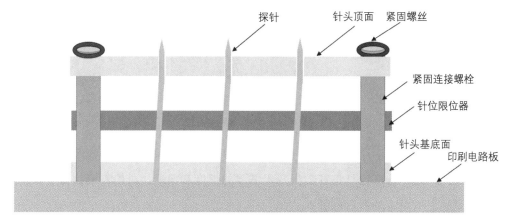

图 2.48　垂直针卡组装结构

不同类型的探针卡应用场合不同，使用条件不同，相应的价格也不同。针卡的针数越多，相应的价格就越高，一般是以探针的数量乘以单根探针的价格再加上外围元器件的价格来计算探针卡的总价。

垂直针卡的针数可能会达到几百、几千甚至上万根，数量庞大的探针给后期的维护也带来了很大的麻烦和挑战，需要花费大量的时间和精力进行拆装、更换和验证。图 2.49 所示为垂直针卡的结构。

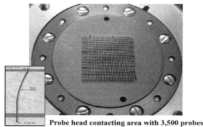
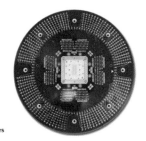

垂直针卡针头　　　　　　垂直针卡的探针及针头　　　　组装完成后的探针卡

图 2.49　垂直针卡的结构

悬臂针卡的制作相对简单，性价比高。垂直针卡的制作复杂，价格昂贵，针数较多，探针细小精密，需要使用专门的器具固定探针并进行针头组装，针头组装完成后再安装到印刷电路板。也有垂直针卡的针头是专门铸造而成的，但是这会给后续的维修换针带来较大的麻烦，需要将针头寄回到供应商处进行重新植针修复。表 2.3 所示为悬臂针卡和垂直针卡的对比。

表2.3　悬臂针卡和垂直针卡对比

	悬臂针卡	垂直针卡
制作工艺	利用环氧树脂包覆和固定探针，将探针安装到悬臂梁上，探针针尾焊接到印刷电路板的资源点	通过装配的方式实现探针与印刷电路板的接触连接
特点	探针摆针自由灵活； 针痕大小一致性差； 手工制作； 制作相对比较简单； 基本围绕在芯片周围出针； 维护简单； 多用于低端产品	测试时针位准确，不易变化； 针痕大小一致性好； 探针数量多； 接触电阻小，导电性好； 芯片全区域位置可以出针； 维护较难； 多用于高端产品
价格	价格实惠、成本低	价格贵、成本高

探针卡需要经历从设计制作到最后检证的过程，检证没有问题才可以正常生产使用。前期的设计环节非常重要，需要先收集探针卡设计的相关信息并与客户讨论应用中的具体需求和疑问，讨论确认设计图纸没有任何问题后再开始制作。表2.4所示为探针卡设计需求的一般信息，其他的特别信息视具体情况而定。

表2.4　探针卡设计需求信息表

Device information	产品的信息
Tester and prober model	测试机和探针台的型号
Pad list X,Y axis	芯片焊垫名称，X、Y轴的坐标位置
Pad size	芯片焊垫的尺寸
Chip size	芯片的尺寸大小
Channel assignment	测试通道资源的分配
The orientation between wafer, PCB and pad1 location	晶圆、印刷电路板和焊垫1位置的方向
Testing temperature (Room, High or Low)	测试温度（常温、高温或低温）
Component attachment list	安装元器件的附件列表
The height from the PCB bottom to the needle tip	从印刷电路板的底部到针尖的高度
Over drive volume	针卡可以施加的过驱力度大小
Max current	最大电流

探针在长时间与芯片焊垫接触测试的过程中比较容易脏污，当接触到硬物或不明物体时可能出现损伤。保持针尖的清洁非常重要。探针损坏时需要更换，悬臂针卡需要送回供应商处进行植针维修，如果不能更换维修则需要重新制作探针卡，一块探针卡的印刷电路板通常可以循环使用多次，但是使用次数太多后也会因印刷电路板的焊点被多次拆装和焊接而受到影响。多数垂直针卡是组装而成的，可以通过拆装针头更换新的探针，方便现场进行维修，但是维修的时间较长，维修难度大。

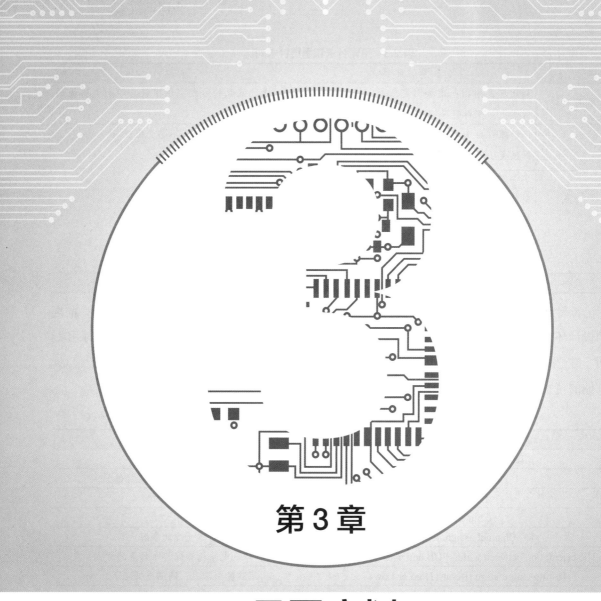

第 3 章

晶圆磨划

晶圆测试结束后芯片还是完整地聚合在晶圆上，为了接下来的封装工序，需要将芯片从晶圆上取下来，包括将晶圆背面研磨减薄和晶圆划片。两道工序简称为晶圆磨划。晶圆在制造阶段需要经过多道工序，太薄的晶圆不能正常生产作业，而到了封装阶段就要将晶圆减薄到合适的厚度以便于切割划片。

如图 3.1 所示，晶圆磨划包括以下基本步骤。

（1）贴磨片膜：磨片膜一般称为蓝膜，用于保护芯片在加工时不受影响。

（2）背面研磨抛光：使用研磨机和研磨材料将晶圆背面打磨到一定厚度，便于接下来进行切割划片。

（3）贴划片膜：在晶圆的背面贴上划片膜，再将贴好划片膜的晶圆安装到固定圈环上。

（4）揭磨片膜：把晶圆正面的磨片膜揭去。

（5）划片：按照机器的设定程序沿着晶圆上的切割道进行切割，直至将晶圆切透。

（6）UV 照射：UV 照射便于撕去晶圆背面的划片膜。

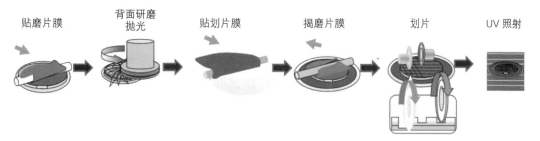

图 3.1　晶圆磨划的基本步骤

 ## 3.1　研磨减薄

晶圆在研磨减薄时需要进行保护，即贴磨片膜，因为磨片膜的颜色通常是蓝色，人们习惯性地把此保护膜称作蓝膜。蓝膜分 UV 膜（Ultra-Violet Ray，紫外线光膜）和非 UV 膜，UV 膜经紫外线照射后很容易撕开。黏附力强的蓝膜有利于防止切割水进入从而影响切割的质量。图 3.2 所示为蓝膜的使用示意图。

蓝膜用于将晶圆固定在金属膜框上，起固定晶圆、束缚晶粒的作用，使晶圆在切割分开后晶粒不会散落。晶圆一般按照尺寸大小区分，这里的尺寸指的是晶圆的直径，常见的有 6 英寸、8 英寸、12 英寸。对于高可靠性电路，一些性能稳定的老旧产品仍使用 4 英寸的晶圆。蓝膜同样也具有相应的尺寸规格。

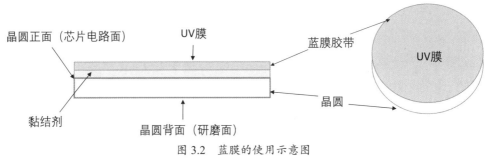

图 3.2　蓝膜的使用示意图

蓝膜的特征参数是厚度与黏附力。大多数用于硅晶圆划片的蓝膜厚度为 80~95μm。蓝膜的黏附力必须足够大，保证划片过程中将已分离的晶粒牢牢地固定在蓝膜上。当划片完成后，又能很容易地将晶粒从蓝膜上取下。

最常用的蓝膜是普通蓝膜（非 UV 膜）和 UV 膜。普通蓝膜的成本大约是 UV 膜的 1/3。UV 膜的黏附力是可变的，经紫外线照射之后，由于黏结剂聚合发生了变化，其黏附力减小了90%，更易脱膜揭膜，且无残留物。UV 膜具有极强的黏附力以固定晶粒，即使是很小的晶粒也不会发生位移和剥除现象。

贴膜框也称为晶圆环、膜框、金属框架等，金属材质具有一定的刚性，不容易变形，与贴膜机配套使用。贴膜框用于绷紧蓝膜，固定晶圆便于后期的划片、晶粒分拣，避免晶圆切割后晶粒间因蓝膜褶皱相互碰撞挤压而造成芯片损伤。图 3.3 所示为贴好蓝膜的贴膜框。

贴膜前应先对晶圆进行检查，剔除有碎片、裂纹、刮痕和其他来料问题的晶圆。Ink 点高度要小于 25.4μm（1mil），如果 Ink 点的高度超过规范（有些客户要求在晶圆测试完成后将不好的晶圆用墨汁打点的方式点除掉，点完墨汁的晶圆会存在一定的墨迹高度），必须暂时扣留，并通知主管和工程师，等待分析处理。操作人员需要确认实际的晶圆批次号与流程卡是否一致。

图 3.3　贴好蓝膜的贴膜框

贴膜后对于原始厚度大于 25mil 的晶圆，要用气枪吹去晶圆表面的 FM（Foreign Material，外来异物），气枪的压力要控制好。若发现任何缺陷需要扣留产品，并通知工程师，缺陷包括切割的毛刺，双重保护膜异常，保护膜剥起、裂纹、损坏、边缘碎裂，保护膜下有外来异物，保护膜下有气泡等。晶圆的原始厚度通过 BG tape（Back Grinding Tape，背面研磨胶带）的总厚度减去相关 BG tape 的厚度计算。

手工贴膜的过程为，首先，取出一片晶圆，正面朝下，背面朝上，将其放置在贴膜机的工作盘上，打开真空开关，吸住晶圆；然后，将贴膜框放置在贴膜机工作台上，使其中心与晶圆中心对齐，并将侧边定位框移动至贴膜框外侧，将其左右限位；接下来，拉出足够长度的蓝膜，拉紧后，贴在贴膜机后部，覆盖整个贴膜框区域；最后，用滚筒压过蓝膜，将晶圆、蓝膜及贴膜框装配到一起。图 3.4 所示为手工贴膜的过程。

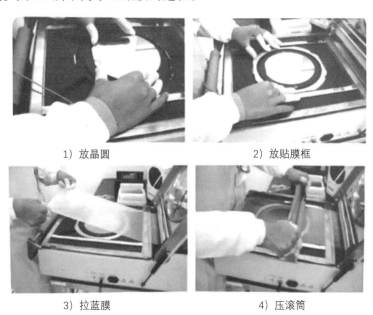

1）放晶圆　　　　　　　　　　2）放贴膜框

3）拉蓝膜　　　　　　　　　　4）压滚筒

图 3.4　手工贴膜的过程

图 3.5 所示为机器自动贴膜，机器自动贴膜可以大幅提高生产效率和品质。

贴膜前　　　　　　　　贴膜后

图 3.5　机器自动贴膜

接下来是晶圆的背面研磨抛光，对于常见的厚度大于等于 50μm 的晶圆，背面研磨抛光有三个阶段：Rough Grinding（粗磨）、Fine Grinding（精磨）、抛光。抛光类似于 CMP（Chemical Mechanical Polishing，化学机械抛光），一般会在抛光垫和晶圆之间投入 Slurry（浆料）和 Deionized Water（去离子水）。抛光可以减少晶圆和抛光垫之间的摩擦，使晶圆表面光亮。当晶圆较厚时，采用 Super Fine Grinding（超精细研磨），晶圆越薄，就越需要进行抛光。图 3.6 所示为研磨抛光示意图。

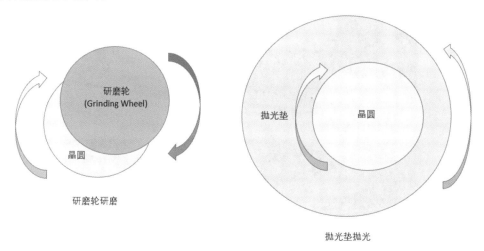

图 3.6　研磨抛光示意图

研磨抛光的三个阶段如下。

（1）粗磨阶段：使用的金刚砂轮的磨料颗粒度大，砂轮每转的进给量大，单个磨粒的切削深度大于临界切削深度，是典型的脆性域切削。采用相对较大的进给速度，主要考虑提高加工效率。这个阶段的减薄量占总减薄量的 94% 左右。粗磨容易引起较大的晶格损伤、边缘崩边等异常。图 3.7 所示为晶圆磨片机。

（2）精磨阶段：使用的砂轮磨料颗粒度很小，砂轮每转的进给量很小，一部分磨粒的切削深度小于临界切削深度，属于延性域切削。进给速度低，精磨可以消除粗磨产生的晶格损伤、边缘崩边等现象。这个阶段的减薄量占总减薄量的 6% 左右。

（3）抛光阶段：最后数微米的厚度采用抛光减薄，切削深度小于 0.1μm，已进入延性域加工范围，此时材料加工表现为先变形后撕裂。图 3.8 所示为磨片机的研磨和抛光示意图。

图 3.7　晶圆磨片机

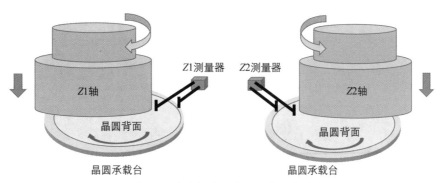

图 3.8　磨片机的研磨和抛光示意图

磨片机的 Z1 轴和晶圆背面的旋转方向保持一致，沿轴向下施加一定的力与晶圆相接触以研磨，此时处于研磨的阶段。

磨片机的 Z2 轴和晶圆背面的旋转方向则相反，沿轴向下施加一定的力与晶圆相接触以抛光，此时处于抛光的阶段。

3.2　晶圆划片

晶圆划片即使用刀片切割晶圆得到一颗颗的芯片，其过程是使用高速旋转的刀片将已经绷膜的晶圆沿着切割道切割成单颗的芯片，在切割的同时冷却水和去离子水会一边冷却由于高速摩擦而产生的热量，一边清洗划片时所产生的硅屑。

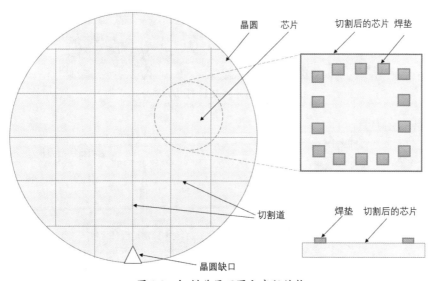

图 3.9　切割道原理图和实际结构

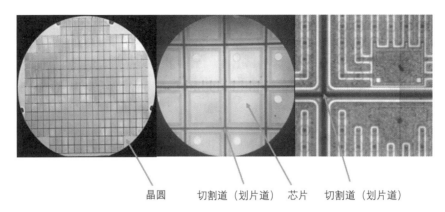

晶圆　　　切割道（划片道）　芯片　　切割道（划片道）

图 3.9　切割道原理图和实际结构（续）

一、　切割道原理及划片工序

由图 3.9 所示的结构可以明显看出切割道的原理，划片机的刀片沿切割道进行切割，待切透所有的切割道后便可以分离得到封装所需要的芯片。切割道也称为划片道或切割街道，分为横向和纵向两个方向。

如图 3.10 所示，高速旋转的金刚石切割刀片沿着晶圆的切割道进行横向和纵向的切割，工作台移动晶圆到达所需要的切割位置。切割的同时注入冷却水和去离子水，在冷却高速摩擦所产生的热量的同时清洗划片时产生的硅屑，直至完成晶圆上所有切割道的切割。图 3.11 所示为划片机切割示意图。

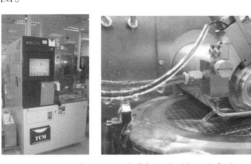

图 3.10　划片机及切割刀头部分

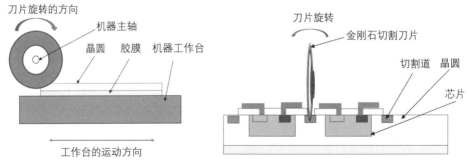

图 3.11　划片机切割示意图

划片需要经历如图 3.12 所示的五个步骤。将晶圆装片传递到划片机、机台校正检验切割的位置、在切割道切割、清洗与干燥、将晶圆卸片装回晶圆盒中。

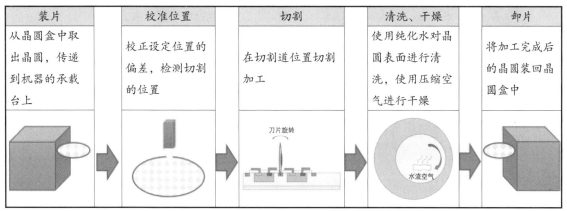

装片	校准位置	切割	清洗、干燥	卸片
从晶圆盒中取出晶圆，传递到机器的承载台上	校正设定位置的偏差，检测切割的位置	在切割道位置切割加工	使用纯化水对晶圆表面进行清洗，使用压缩空气进行干燥	将加工完成后的晶圆装回晶圆盒中

图 3.12　划片的五个步骤

如图 3.13 所示，晶圆切割之后芯片就与晶圆分离开来，原先平整的切割道在切割后变成了一道道的沟壑，单颗的芯片从晶圆上独立出来，便于后续挑拣工序吸取芯片。

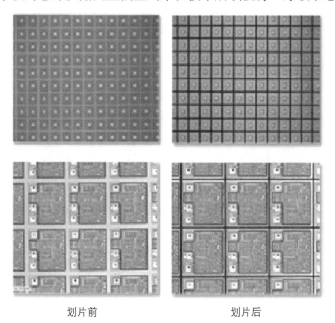

划片前　　　　　　　　　　划片后

图 3.13　芯片的划片前后

如图 3.14 所示，切割刀片是划片工序中非常重要和精密的部件。随着终端电子产品向多功能、智能化和小型化的方向发展，芯片尺寸变得越来越小，留给晶圆划片机的划片操作空间也越来越小，既要保证足够的良率，又要确保加工的效率，这对于切割刀片及划片工艺都是不小的挑战。

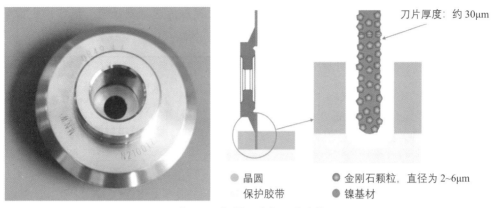

刀片厚度：约 30μm

● 晶圆　　　　　　　　● 金刚石颗粒，直径为 2~6μm
　保护胶带　　　　　　● 镍基材

图 3.14　切割刀片和刀片结构

二、 影响划片性能的重要因素

从切割刀片自身来看，影响刀片性能乃至晶圆划片性能的重要因素是金刚石颗粒的大小、颗粒集中度、分离剂强度、刀片厚度、刀片长度和修刀工艺。

如图 3.15 所示，刀片的主要成分是金刚石，分离剂起黏结金刚石的作用。不同大小颗粒的金刚石对划片质量的影响是比较明显的。依据磨划的机理特性，金刚石的颗粒尺寸越大，对晶圆的撞击力越大，从而导致正面崩边的尺寸越大。金刚石的颗粒尺寸越大，越不容易产生刀片梗塞，能够有效降低产品的反面崩边尺寸。小颗粒的金刚石撞击力较小，正面崩边尺寸小。

图 3.15　不同尺寸的金刚石颗粒

但是这个原理只适合 300μm 左右及以上厚度的晶圆。当切割 200μm 以下厚度的极薄的晶圆时，薄晶圆无法承受大颗粒金刚石产生的冲击力，这时需要选择颗粒较小的金刚石保证良好的划片质量。

除了影响划片质量，金刚石的颗粒大小还影响刀片寿命。颗粒越大，刀片寿命越长；反之，颗粒越小，刀片寿命越短。

颗粒集中度对划片质量也非常关键。金刚石颗粒大小相同的刀片分不同集中度，划片效果也有很大的差别。目前，刀片常见的 5 种集中度由低到高分别是 50、70、90、110、130（g/cm³）。

高集中度的刀片划片阻力小，划片速度快，效率高，减少晶圆正面的崩缺。但是高集中度的刀片分离剂少，刀片韧性低，正面崩边大，容易断刀。而低集中度的刀片负载小，划片阻力大，速度慢，效率低，但是能够减少反面崩缺。

分离剂的作用是将金刚石颗粒结实地黏合在一起，不同硬度的分离剂对刀片寿命影响比较大。软性分离剂可以加速金刚石颗粒的"自我尖利"，使刀片一直保持比较尖利的状态，能减少晶圆的正面崩缺、分层及毛刺问题。硬性分离剂能更好地把持金刚石颗粒，增加刀片的耐磨性和寿命。软性分离剂的缺陷是刀片的寿命短，硬性分离剂的缺陷是划片的质量较差。

刀片厚度对划片的影响如下。

（1）刀片厚：刀片厚的优点是刀片的震动小、产品质量有保证、刀片强度高、不易断刀；缺点是划片的接触面积大、阻力大、产生的碎屑多、进给速度慢、易污染。

（2）刀片薄：刀片薄的优点是划片的接触面积小、阻力小、进给速度快、产品质量有保证；缺点是刀片强度低、易断刀。

刀片长度对划片的影响如下。

（1）刀片长：刀片长的优点是使用寿命长；缺点是刀片强度低、进给速度慢、易断刀、刀片震动大、易发生偏摆出现蛇形划片。

（2）刀片短：刀片短的缺点是使用寿命短；优点是刀片强度高、进给速度快、不易断刀、刀片震动小、不易发生偏摆。

修刀环节也对划片有一定的影响。修刀的第一个目的是使刀片外表的金刚石暴露，第二个目的是修正刀片与轮毂、法兰的偏心量。当新刀片安装在主轴和法兰上时，虽然刀片与主轴顶部直接接触，但两者间仍然存在缝隙，这就是刀片的"偏心"。若刀片在"偏心"的状态下使用，只要出现局部的负载过大，就容易形成逆刀与过载呈现，影响划片的品质。

为了选择适宜的刀片，需要在刀片寿命与划片质量之间作出权衡。刀片寿命长，划片质量低；划片质量高，刀片寿命短。

选择刀片还要了解刀片表面硬度对划片的影响，刀片表面硬度通常叫作基体硬度。基体硬度由金刚石颗粒尺寸、浓度和黏合物硬度决定。一般来说，较细的磨料、较高的金刚石颗粒浓度和较硬的黏合物会增加基体硬度。实际需要综合考虑其他的要素，较硬的材料需要用较软的（基体）刀片来切，反之亦然。除此之外，进给速度、主轴转速、膜、冷却水、划片方式也都影响刀片的选择。

划片是非常重要和精细的工作，有很多检查注意事项。在操作前应对晶圆进行检查，剔除在芯片绷膜后有碎片和裂纹的晶圆；检查晶圆的背面贴膜是否有气泡；对于需要激光开槽的晶圆，激光切割机开槽后卸载的晶圆方向为 90 度，然后将开好槽的晶圆以 90 度方向加载到划片机上进行切割（只针对 Laser groove- 激光槽的产品）；对于无须激光开槽，只进行切割的晶圆，操作员应当将晶圆以 0 度方向加载到划片机上（圆环的缺口朝向划片机）。图 3.16 所示为圆环的缺口朝向定位识别。

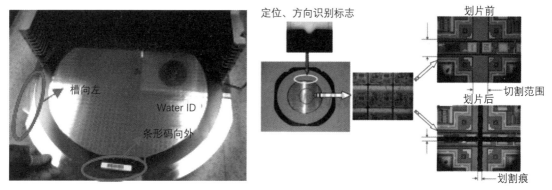

图 3.16　圆环的缺口朝向定位识别

操作前的准备工作：Loading（上料作业）之前，检查 Cassette（晶圆盒）中的每片晶圆是否已经被切割过，防止重复切割；检查晶圆的正反面是否有气泡、划痕、碎裂等缺陷；检查晶片盒的方向和位置，将晶片盒放在正确的位置，不能使用没有锁扣环的晶片盒；每次更换新的晶片盒之前，要用气枪吹干净晶圆承载作业台面并确认上面无异物。

刀片的更换需求及注意事项：更换新刀片后，在生产之前，操作员必须用空白晶圆或磨刀板磨刀；如果机器闲置时间超过 1 小时，重新开始工作时需要打开主轴和水 2~3 分钟以使电阻率稳定在规定范围之内。如果机器闲置时间超过 4 小时，操作员必须用空白晶圆切割至少 5 条切割道并确认切割的情况；当切割长度达到预警长度时，操作员可以先继续完成当前切割的晶圆再停机更换刀片，如果机器报警伸出量不足时，应立即更换刀片。

操作中的检查处理：更换每个晶圆盒及换刀、更换批次以后的第一片晶圆的第一刀、第二刀都必须停机检查切割道宽度和位置；当机器报警时，操作员必须停机检查整条切割道的质量和前一条切割道的质量。如果切割位置偏离切割道则调整 Hairline（细缝），检查和调整下一条切割道直到切割位置正确为止。若 Kerf Check（切口检查）报警，应完全检查当前切割道与前一条切割道的碎片情况。图 3.17 所示为切口检查示意图。

安全操作注意事项：任何时候都不要接触刀片，因为刀片非常锋利并且工作中高速旋转；操作过程中遵守 ESD 静电控制规范；为防止晶圆被污染，操作晶圆时避免脸朝着晶圆讲话或打喷嚏；指形护套戴在双手的所有手指上；晶圆盒中顶部的晶圆正面朝下放置，其余的正面朝上，以防止空气中尘粒污染晶圆表面。注意在开始下一道工序前将第一片晶圆翻转过来；晶圆盒最多只能两个叠放在一起；时刻记住紧急制动按钮的位置，当发生紧急状况时，立即按此按钮；不在机器工作区内放置任何物件和工具。

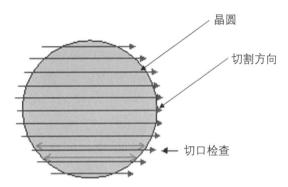

图 3.17　切口检查示意图

三、崩边异常

崩边异常如图 3.18 所示，是划片的过程中出现频率较高的问题。

图 3.18　显微镜下显示的崩边异常

1. 正面崩边

晶圆正面崩边（Chip Ping）简称正崩，可分为三种类型：初期崩边、循环崩边、其他崩边。

（1）初期崩边主要指新刀片在装机预切割阶段出现的产品表面崩缺，产生原因可能有以下 3 种。

①刀片安装倾斜。

②刀片的刀刃未修成圆状。

③金刚石颗粒未完全暴露，没有产生容削槽。

解决方法如下。

①检查刀片的安装精度。

②修整刀片同心度。

③重新进行预切割，充分暴露金刚石颗粒。

（2）循环崩边产生原因有以下3种。

①刀片表面受到冲击。

②刀片表面有大颗粒金刚石突起。

③刀片表面有其他外来杂质黏附。

解决方法如下。

①检查刀片表面是否有产品飞料冲击的痕迹。

②在显微镜下观察刀片表面是否存在大颗粒金刚石突起。

③在高倍显微镜下观察刀片表面是否有异物粘黏，如残胶、金属等。

（3）其他崩边产生原因有以下3种。

①工件有移位变形。

②进给速度过快和切割深度过深。

③高转速时刀片偏摆。

解决方法如下。

①增加贴膜后的烘烤温度和时间及更换基材材质。

②根据工件材质调整合适的加工参数。

③检测设备主轴精度和刀片的动平衡精度。

2. 背面崩边

产生背面崩边后的主要考察方向有以下3个。

①切割刀片。

②工件 / 固定胶膜。

③加工参数。

晶圆背面崩边与刀片的5个因素强相关。

①刀片预切割前比预切割后的背面崩边尺寸大。

②刀片的金刚石颗粒越大，背面崩边尺寸越小。

③刀片的磨料集中度越低，背面崩边尺寸越小。

④刀片的黏结剂越软，背面崩边尺寸越小。

⑤刀刃越薄，背面崩边尺寸越小。

解决方法如下。

①新刀使用修刀板修刀并执行预切割。

②选择合适目数的刀片作为切断刀片（建议 3000~3500 目）。

③选择低集中度的刀片作为切断刀片（建议 50~70g/cm³）。

④选择较软的黏结剂配方制作切断刀片。

⑤选择较薄的刀片作为切断刀片。

晶圆背面崩边与固定耗材的 3 大因素强相关。

①固定方法（石蜡、胶膜、夹具）。

②固定力。

③固定辅材（胶层厚度、基材厚度、基材硬度）。

解决方法如下。

①晶圆切割选用粘黏性强、胶层薄、基材弹性小的蓝膜。

②保持切割盘表面陶瓷气孔无堵塞，真空吸力均匀，工作盘平整。

晶圆背面崩边与加工参数的 4 大因素强相关。

①主轴转速：主轴转速过高，每个磨料颗粒所做的功会减少，刀片的自锐能力被抑制，可能发生钝化。

②进给速度：进给速度过高，会增加刀片的负载，工件产生的应力较大，容易发生背面崩边。

③切割深度：切割过深，刀片负载大，可能存在断刀的风险，导致产品背面崩边。

④冷却水：冷却水的水压过大，刀片易变形；水压过小，冷却效果不好，产品表面易受到污染。

解决方法如下。

①推荐使用 22000~35000 r/min 的主轴转速。

②设定合理的进给速度。

③选择合适的刀刃露出量。

④控制冷却水的水压。

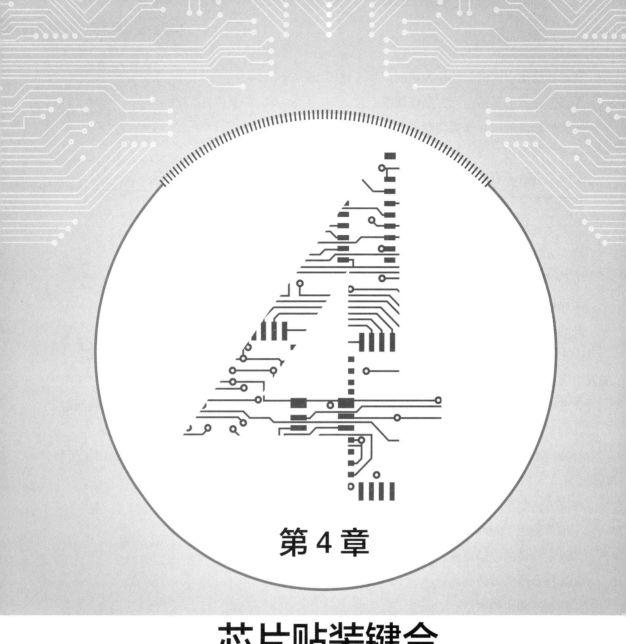

第 4 章

芯片贴装键合

芯片贴装键合的英文表达为 Die Bonding（芯片键合）、Die Attach（芯片覆贴）、Die Mounting（芯片焊接），三者都是同一个意思，是指将已经切割挑拣好的裸芯通过一定的工艺技术键合到框架或基板，实现芯片与外部电路之间的电性能连接。简单来看芯片贴装键合有三步工序。

第一步：将配比好的导电银浆或环氧树脂均匀地涂抹在框架或基板的焊区（基岛）上，如图 4.1 所示。

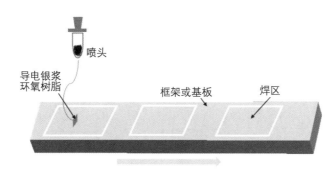

图 4.1　配比树脂材料并均匀地涂抹在框架或基板的焊区上

第二步：从已切割分离的晶圆上拾取好的芯片并搬运到已经涂抹导电银浆或环氧树脂的焊区，如图 4.2 所示。

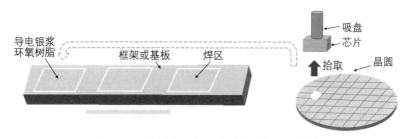

图 4.2　从晶圆上拾取好的芯片并搬运到焊区

第三步：施加一定的力道使芯片与框架或基板的焊区键合起来，如图 4.3 所示。

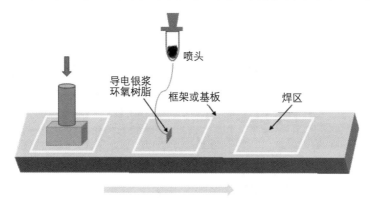

图 4.3　施加一定的力道使芯片键合

之后是循环重复涂抹黏结材料、拾取搬运芯片及键合芯片的三步工序，如图 4.4 所示。

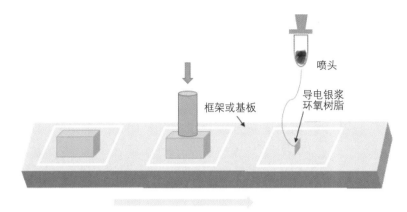

图 4.4　循环重复以上三步工序

 4.1 芯片贴装设备的部件和系统

如图 4.5 所示，芯片贴装设备主要包括以下部件和系统。

（1）精密机械传动部件：主要指 X、Y、Z 三轴移动工作台，工作台负责承载芯片，实现芯片前后、左右、上下移动，并且具有扩片功能，由滚珠丝杆、线性滑块导轨等构成。

（2）真空系统：Pick up（拾取）和 Pick down（放置）芯片，由真空系统及拾取喷头构成。

（3）Load/UnLoad（装载/卸载）系统。

（4）驱动系统：由驱动电机、驱动器构成。

（5）控制系统：包括视觉控制、操作控制、算法控制、电气控制。

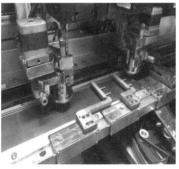

图 4.5　芯片贴装设备

在半导体封装工艺中，芯片键合是指将芯片固定于基板或框架上。键合工艺分为传统键合和先进键合两种类型，本章主要介绍传统方法。传统键合采用芯片键合和 Wire Bonding（引线键合）技术，而先进键合多采用 IBM 于 20 世纪 60 年代后期开发的 Flip Chip Bonding（倒装芯片键合）技术。倒装芯片键合技术将芯片键合与引线键合相结合，并通过在芯片的焊盘上形成 Bump（凸块）的方式将芯片和基板连接起来。图 4.6 所示是传统键合和先进键合示意图。

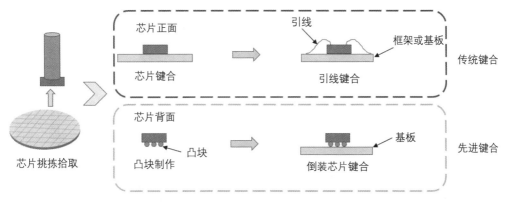

图 4.6　传统键合和先进键合示意图

芯片键合通过将芯片黏结到 Lead Frame（引线框架）或 PCB（Printed Circuit Board，印刷电路板）上，实现芯片与外部电路之间的电气连接。当完成芯片键合之后，应确保芯片能够承受封装产生的物理压力，并能够及时散发芯片工作时产生的热量。在一些情况下，还必须保持恒定的导电性或实现高水平的绝缘性。图 4.7 所示是芯片键合与倒装芯片键合工序的对比。

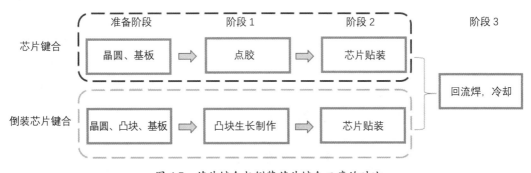

图 4.7　芯片键合与倒装芯片键合工序的对比

在芯片键合过程中，需要先在封装基板或框架的基岛区域涂抹黏结剂，然后将芯片正面朝上放置在基板上。与此相反，倒装芯片键合先将凸块附着在芯片焊盘上，然后将芯片正面朝下放置在基板上。使用这两种方法组装好的单元，接下来都将经过一个被称为 Temperature Reflow（温度回流）的回流焊加工通道，该通道随着时间的推移调节温度，熔化黏结剂和焊球凸块。最后，待冷却后将芯片和凸块固定到基板或框架上。

芯片贴装设备工作主单元如图 4.8 所示。喷头用于在基板的基岛区域涂敷黏结剂。确认芯片位置的视觉控制系统用于检测芯片的具体位置。吸盘用于将芯片从晶圆上拾取并搬运到基岛位置。另外，在晶圆下方有顶针装置将芯片往上顶升，方便吸盘拾取。

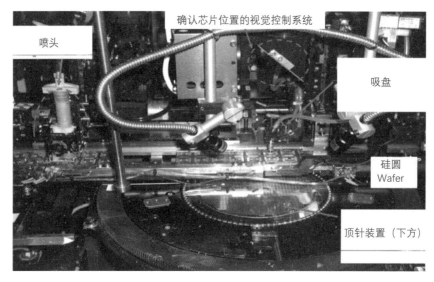

图 4.8　芯片贴装设备工作主单元

贴装环节是整个芯片贴装的关键所在。如图 4.9 所示，吸盘将芯片吸附后放置到已经涂敷黏结剂的基岛区域，施加一定的力完成芯片和框架或基板的黏结。工作台按顺序逐个完成芯片的贴装。

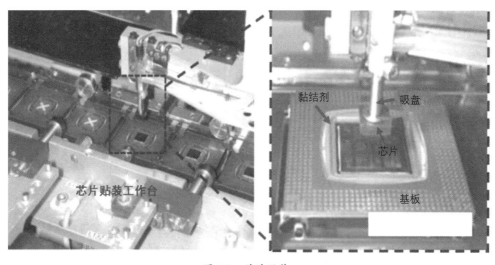

图 4.9　芯片贴装

如图 4.10 所示，涂抹黏结剂的部件称为喷头，喷头有单嘴喷头（一个喷头）和多嘴喷头（多个喷头）两种。单嘴喷头几乎可以应用于所有产品的生产，但生产效率低；多嘴喷头的生产效率高，但只对应一种产品使用。

图 4.10　单嘴喷头和多嘴喷头

如图 4.11 所示，喷头的形状各式各样，有方形、双框形、叉形等，使用时需要根据芯片实际的形状和大小而定。

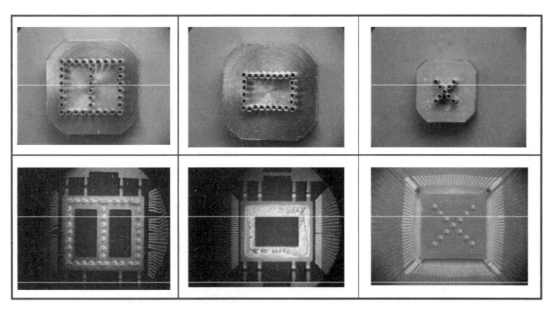

图 4.11　各种形状的喷头

如图 4.12 所示，导电银浆又称导电银胶，有着优秀的综合性能，在芯片的电气连接方面脱颖而出。导电银浆由环氧树脂和导电填料（即导电银微粒）等组成，通过环氧树脂的黏结作用将导电粒子结合在一起，形成导电通路，实现被黏结材料的导电连接。导电银浆不使用时需要低温保存在冰箱中，使用时需要提前取出并恢复到常温。

采用含有银粉的环氧树脂或聚酰胺树脂等热固性树脂，在常温下将芯片与基岛黏结，最后加热固化处理。导热性和导电性的实现主要依靠其中的银粉。这种材料的成本低，但是导电性不如金属黏结的效果好，导电银浆黏结法被广泛应用在当前的生产中。

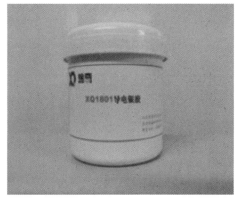

图 4.12　导电银浆

由于导电银浆的基体树脂是一种胶黏剂，可以结合固化时间的要求选择适宜的固化温度进行黏结。表 4.1 所示是导电银浆的固化温度和固化时间。

表 4.1　导电银浆的固化温度和固化时间

固化温度（℃）	110	120	130	140	150
固化时间（h）	1.6	1.5	1.2	1	0.7

吸盘起从晶圆拾取芯片和放置芯片到框架或基板基岛的作用，俗称吸嘴。如图 4.13 所示，吸盘的材质有金属、塑料、橡胶等，形状有两面锥状、四面锥状、平板状等。

两面锥状　四面锥状　　　　　平板状

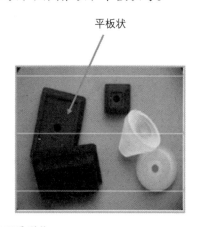

图 4.13　吸盘的不同形状

不同形状吸盘的优缺点如表 4.2 所示，四面锥状的吸盘位置精度高，但是价格比较高；两面锥状的吸盘适用的范围广，但是位置精度低，容易倾斜；平板状吸盘的适用范围广，价格高，但是位置精度低，会与芯片直接接触，容易造成芯片污染和表面破损。

表 4.2 不同形状吸盘的优缺点

形状	吸盘	优点	缺点
四面锥状		位置精度高	价格比较高
两面锥状		适用的范围广	位置精度低，容易倾斜
平板状		适用的范围广，价格高	位置精度低，会与芯片直接接触，容易造成芯片污染和表面破损

经过磨划后，芯片已经从晶圆上独立开来。接下来吸盘会按照晶圆磨划之后的结果图进行芯片的挑拣，拾取好的芯片并将其放置到已经涂敷黏结剂的框架或基板基岛上。挑拣剩下的芯片是不合格的失效品，将被丢弃。芯片的拾取和放置都是在键合机器上一同完成。图 4.14 所示是芯片从磨划到挑拣拾取与放置的过程。

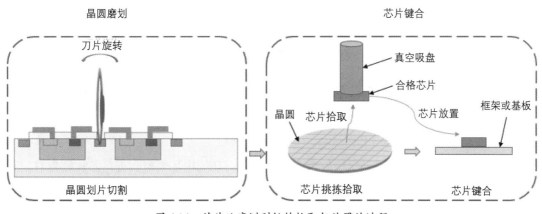

图 4.14 芯片从磨划到挑拣拾取与放置的过程

4.2 芯片贴装的工艺和材料

下面重点讨论芯片顶出（Ejection）工艺、使用环氧树脂实现黏结的芯片键合工艺及使用晶圆黏结薄膜的芯片键合工艺。

芯片顶出工艺：在完成划片工序之后，芯片被分割成独立的单元并被轻轻地黏附在切割胶带上。此时拾取水平放置在切割胶带上的芯片并不容易。即使是真空吸盘也很难轻易地拾取芯片，如果强行拾取，则会对芯片造成物理损伤。采用芯片顶出工艺，通过顶针顶出装置对合格的目标芯片施加向上的作用力，使其与其他芯片形成轻微的水平高度差，可以方便地拾取芯片。将芯片从底部顶出之后，再由真空吸盘从上方拾取芯片，如图 4.15 所示。

附着在切割胶带上的所有芯片受到机器的晶圆承载台的真空吸附力的作用，吸附力用于固定芯片。合格的目标芯片在被拾取时还会受到顶针向上的顶出作用力。

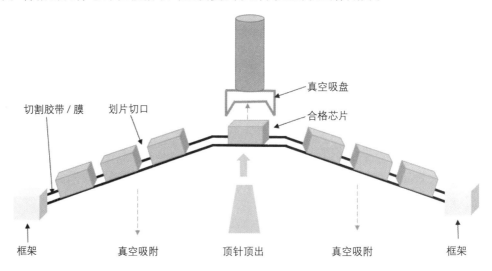

图 4.15　芯片顶出效果图

使用环氧树脂实现黏结的芯片键合工艺：在执行芯片键合时，可使用金、银或镍制成合金。特别是当芯片的封装尺寸较大时，可以通过使用焊料或含有金属的黏结剂进行连接，或使用聚合物（Polymer）、聚酰亚胺（Polyimide）进行芯片键合。在高分子材料中，糊状或液态的环氧树脂相对来说比较容易使用，使用的频率也比较高。在使用环氧树脂进行芯片键合时，先将极少量的环氧树脂精确地涂敷在基板上，然后将芯片放置到基板上，再通过回流和固化工序，在 150~250℃ 的高温加热条件下使环氧树脂硬化，使得芯片和基板黏结在一起。此时，若使用的环氧树脂厚度不恒定，则会因膨胀系数的差异而导致翘曲（Warpage），引起芯片弯曲或变形。因此，尽管使用少量环氧树脂较为有利，但只要使用环氧树脂就可能发生不同程度的翘曲。正因如此，使用晶圆黏结薄膜的先进键合方法成为近些年来的首选。尽管晶圆黏结薄膜具有价格昂贵且难以处理的缺点，但却易于掌握使用量，工艺简便。

如图 4.16 所示，导电银浆或环氧树脂黏结的工序还是前面提到的三个步骤。第一步，将配比好的导电银浆或环氧树脂均匀地涂敷在键合区域的焊区上。第二步，从已切割分离的晶圆上挑拣拾取好的芯片并传送到已涂抹黏结剂的焊区。第三步，施加一定的力道使芯片和框架或基板的焊区黏结键合起来。

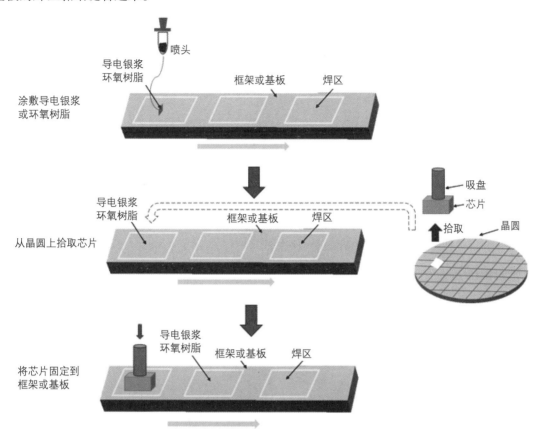

图 4.16　导电银浆或环氧树脂黏结的工艺步骤

　　使用晶圆黏结薄膜的芯片键合工艺：黏结薄膜是一种附着在晶粒底部的薄膜。相比高分子环氧树脂材料，采用黏结薄膜可将薄膜厚度调到很小并且达到恒定。晶圆黏结薄膜不仅可以应用于芯片和基板之间的键合，还可广泛应用于芯片与芯片之间的键合，从而形成 MCP（Multi Chip Package，多芯片封装）。紧密粘合在芯片上的晶圆黏结薄膜在切割完成后，在芯片的键合过程中发挥自身的黏结作用。从切割芯片的结构来看，位于芯片底部的晶圆黏结薄膜支撑着芯片，而切割胶带则以弱粘合力牵拉着位于其下方的晶圆黏结薄膜。在这种结构中，要进行芯片键合，就需要在移除切割胶带上的晶圆黏结薄膜之后立即将芯片放置到基板焊区上。

　　由于在此过程中可以跳过点胶的工序，使环氧树脂的弊端被忽略，取而代之的是晶圆黏结薄膜的缺点。使用晶圆黏结薄膜时，部分空气会进入薄膜，引起薄膜变形等问题。因此，对于处理晶圆黏结薄膜的设备精度要求非常高。尽管如此，晶圆黏结薄膜仍然是首选，因为它能够简化工艺并提高厚度的均匀性，从而降低缺陷并提高生产效率。图 4.17 所示是使用晶圆黏结薄膜的芯片键合示意图。

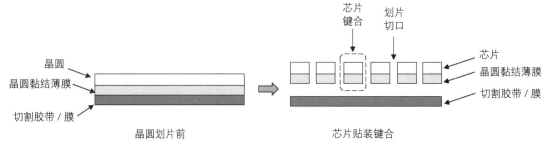

图 4.17　使用晶圆黏结薄膜的芯片键合示意图

用于放置芯片的框架或基板类型不同，执行芯片键合的方式也存在很大差异。基于印刷电路板的基板可以应用于小尺寸批量封装，已得到广泛使用。相应地，随着键合技术的日益多样化，用于烘干黏结剂的 Temperature Profile（温度曲线）也在不断变化。其中具有代表性的键合方法包括加热黏结和超声波黏结。

如图 4.18 所示，最后是黏结剂的烘烤固化。将黏结键合完成的框架或基板装回到 Magazine（基板盒）而后再放进热风循环的烤箱，烤箱内充满氮气防止氧化，一般使用 170℃ 烘烤 60~120 分钟，使胶水中的溶剂挥发，黏结剂完全固化，使得芯片牢固地黏结在基板上。

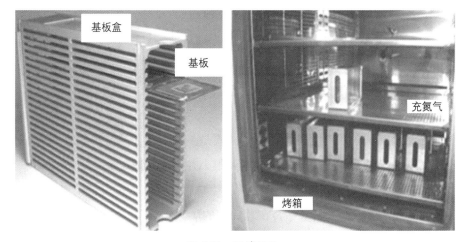

图 4.18　烘烤固化

芯片键合后还需要测试芯片黏结得是否牢固，主要采用芯片剪切（Die Shear）的测试实验。如图 4.19 所示，使用剪切工具以一定的速度对芯片施加与附着表面平行的力，得到介于芯片和黏结剂的连接强度及黏结剂与附着材料（框架或基板）连接强度之间的一个力道。MIL-STD-883 方法是使用最广泛的行业标准，用于执行芯片剪切测试。

典型的芯片剪切测试要求如下。

（1）正确地施加力到芯片，其精度为满程量的 ±5% 或 50 克。

（2）确保剪切工具垂直于基板平面。

（3）确保剪切工具运动时和芯片保持相互平行的状态。

（4）使用显微镜和照明系统对芯片剪切测试过程进行观察。

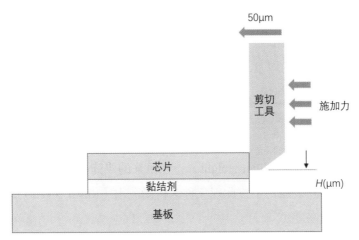

图 4.19　芯片剪切示意图

芯片剪切的失效模式如图 4.20 所示，分别考验黏结剂与芯片的黏结程度、黏结剂与基板的黏结程度、黏结剂本身的材料质量。

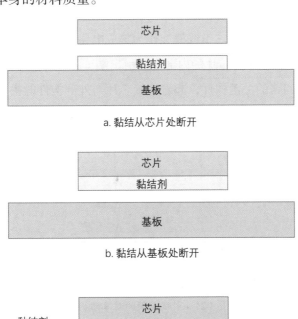

图 4.20　芯片剪切的失效模式

芯片黏结键合的一些注意事项如下。

（1）芯片背部出现顶针导致的痕迹：由于整个封装工序一直处于冷热循环的过程，封装材料受到内部应力的作用，如果芯片背部出现了顶针导致的痕迹，应力就会从这里释放，易造成芯片裂纹（Die Crack）产生。

（2）银层（黏结层）的厚度，银层具有降低热应力的作用，较厚的银层可以有效降低热膨胀系数不匹配而引起的热应力，起到保护芯片的作用。但是因为环氧树脂对热量的传导性能不足，过厚的银层会导致芯片的热量不能够有效地传导到铜片上散热，导致芯片发热过度。

（3）环氧角高度（Epoxy Fillet Height）：在银浆的烘烤过程中，小分子从树脂中分离迁移到芯片表面，造成芯片表面污染，此现象称为树脂流出（Resin Bleed），要减少树脂流出的现象就要控制好环氧角高度。

（4）环氧树脂空洞（Epoxy Void），环氧树脂空洞会降低黏性，降低封装的热传导性能，增加封装的内应力。

这里需要重点提到的封装材料是引线框架。如图 4.21 所示，引线框架用于连接芯片的接触点和金属框架的外部导线，是传统集成电路封装的基础结构材料，引线框架主要由两部分组成：芯片焊区（基岛）和外引线脚。引线框架作为集成电路的芯片载体，借助于键合引线（引线一般选用金丝、铜丝、铝丝）使芯片的内部电路引出端（芯片焊垫）与外引线进行电气连接。引线框架作为形成电气回路的关键构件，起着连接芯片与外部构件的桥梁作用。

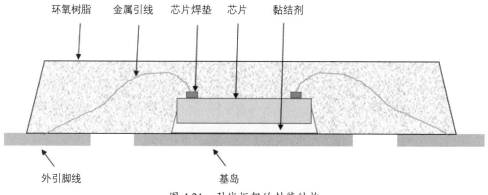

图 4.21　引线框架的封装结构

在传统集成电路封装结构中，引线框架和封装材料起着固定芯片、保护芯片、传递电信号并向外散热的作用。引线框架材料应具有以下特性。

（1）导热、导电性好，能够降低电容电感引起的不利效应，有利于散热。

（2）低热膨胀系数，具有良好的匹配性、钎焊性、耐蚀性、耐热性、耐氧化性，电镀性好。

（3）足够的强度、刚度和成型性。一般抗拉强度要大于 450MPa，延伸率要大于 4%。

（4）平整度好，残余应力小。

（5）易冲压裁剪加工，且不起毛刺。

（6）成本低，满足大规模商业化生产的需求。

常用的引线框架的性能参数如表 4.3 所示。

表 4.3 常用的引线框架的性能参数

合金系列	合金牌号	化学成分（%）	抗拉强度（MPa）	延伸率（%）	导电率（%）	热膨胀系数（25~300℃）×10⁶ /℃	导热率（W/m·K）
Cu–Fe	C19400	Cu-2.35Fe-0.12Zn-0.03P	362~568	4~5	55~65	17.4	262
	C19500	Cu-1.5Fe-0.8Co-0.65Sn-0.05P	360~670	3~13	50	16.9	197
	C19700	Cu-0.6Fe-0.2P-0.04Mg	380~500	2~10	80	16.7	173
	C19210	Cu-0.1Fe-0.34P	294~412	5~10	90	17.7	364
Cu–Cr	OMCL–1	Cu-0.3Cr-0.1Zr-0.05Mg	590	8	82	17.0	301
	EFTERC64T	Cu-0.3Cr-0.25Sn-0.1Zn	560	13	75		
Cu–Ni–Si	C64710	Cu-3.2Ni-0.7Si-0.3Zn	490~588	8~15	40	17.2	220
	KLF–125	Cu-3.2Ni-0.7Si-1.25Sn-0.3Zn	667	9	35	17.0	
	C70250	Cu-3.0Ni-0.6Si-0.1Mg	585~690	2~6	35~40	17.6	147~190
Cu–Sn	C50710	Cu-2Sn-0.2Ni-0.05P	490~588	9	35	17.8	155
其他	C15100	Cu-0.1Zr	291~490	3~21	95	17.6	360
	C15500	Cu-0.11Ag-0.06P	275~550	3~40	86	17.7	345
Fe–Ni	Alloy42	42Ni-58Fe	650		2.7	4.0~4.7	0.04

目前广泛使用的引线框架材料是铜合金，铜合金材料有铜铁磷、铜镍硅、铜铬锆、铜银、铜锡等。理想的引线框架材料抗拉强度为 600MPa 以上，导电率为 80% 以上，抗软化温度大于 500℃，具有高导电、高机械强度、多功能的特点。

引线框架作为传统封装的基础结构材料，需要具备以上良好的功能才可以满足封装时的各项需求。因为芯片键合、引线键合、塑封等封装工序都是在引线框架的基础之上完成的。

如图 4.22 所示，引线框架要保证具有良好的导电性、导热性、加工性、机械强度，保证与塑封树脂的结合强度、与金线的良好焊接性、框架的尺寸精度。

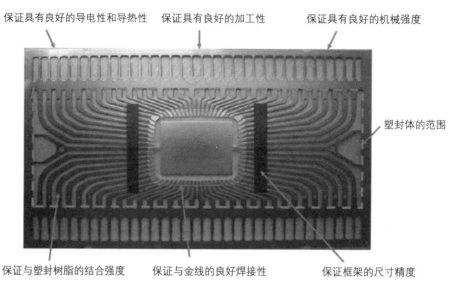

保证具有良好的导电性和导热性　保证具有良好的加工性　保证具有良好的机械强度

塑封体的范围

保证与塑封树脂的结合强度　保证与金线的良好焊接性　保证框架的尺寸精度

图 4.22　引线框架需要具备的功能

　　如图 4.23 所示，引线框架的外引脚实现与印刷电路板的连接；框体起到支撑引线的作用；基岛起到固定芯片、接地、导热的作用；内引脚则与芯片连接；镀金镀银可以保证和芯片的良好焊接性；固定胶带固定内引脚保证其封装时不变形；连筋可以支撑引线，防止塑封时树脂外流；孔洞可以防止塑封时树脂剥离。

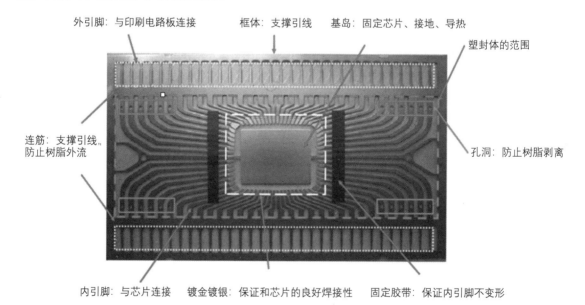

外引脚：与印刷电路板连接　框体：支撑引线　基岛：固定芯片、接地、导热

塑封体的范围

连筋：支撑引线，防止树脂外流

孔洞：防止树脂剥离

内引脚：与芯片连接　镀金镀银：保证和芯片的良好焊接性　固定胶带：保证内引脚不变形

图 4.23　引线框架各部分的功能

第 5 章

引线键合

引线键合也称为压焊，是传统封装工艺中关键的环节，关系到封装可靠性及后续的最终测试良率等。引线键合是将裸芯的焊垫与框架的引脚或基板的金属布线焊区用金属引线（金线、铜线、铝线等）相互连接起来的工艺。

在引线键合前一般要进行键合前的等离子体（Plasma）清洗，可以有效地清除键合区上的光刻胶、引线框架的氧化膜和制程过程中的有机污染物等，从而提高键合的强度,减少键合分离。

等离子体清洗的工作原理是在真空状态下，等离子体设备的真空腔体内通过电极形成很高频率的交变电场，腔体内的反应气体在交变电场的作用下形成等离子体，被清洗的芯片在活性等离子的化学反应和反复物理轰击的双重作用下，表面的挥发物、残留杂质、灰尘、氧化物等变成离子或气态物质并被抽离排出腔体，从而达到清洗的目的。

完成键合前的等离子体清洗后，接下来便是引线键合。引线键合的原理是提供能量破坏焊区表面的氧化层和污染物，使焊区金属产生塑性变形，金属引线与被焊面紧密接触，达到原子间引力范围并使焊面间的原子扩散而形成结合点。如图 5.1 所示，引线键合焊点的形状主要有球形和楔形。

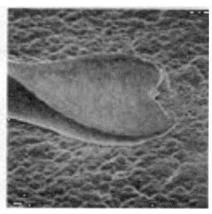

球形　　　　　　　　　　　　　　　　　楔形

图 5.1　引线键合焊点的形状

引线键合简单来看是使用金属引线完成两个焊点之间的连接，以芯片的焊垫作为第一焊点，第一焊点焊好后，按照机器设定的线弧走线将引线连接到框架或基板上的焊区，完成第二焊点的焊接，然后依次完成芯片其他位置的点到点的引线键合。

图 5.2 所示为芯片封装完成后的剖面图，引线键合工序是将芯片上的焊垫通过金属引线焊接到框架或基板的第二焊点的铜引脚上，完成芯片与外部的电气连接。

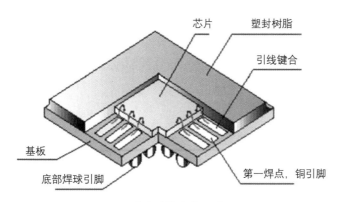

图 5.2　芯片封装完成后的剖面图

如图 5.3 所示，引线键合完成后即可把芯片的焊垫与引线框架连接起来，实现了芯片的电气连接和信号的传输功能。

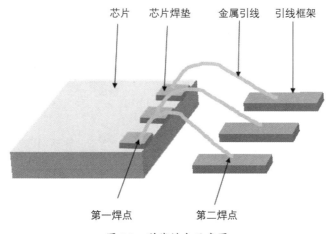

图 5.3　引线键合示意图

引线键合的三要素：超声功率与键合压力、键合时间和键合温度。

1. 超声功率与键合压力

超声功率对键合质量和外观影响最大，因为它对焊点的变形起主导作用。过小的功率会导致焊点过窄、未成型的键合或尾丝翘起，过大的功率则会导致引线根部断裂、键合塌陷或焊盘破裂。超声功率和键合压力是相互关联的参数。增大超声功率通常需要同时增大键合压力使超声能量更多地通过键合工具传递到键合点，但过大的键合压力会阻碍键合工具的运动和抑制超声能量的传导，导致污染物和氧化物被推到键合区域的中心，形成中心未键合区域。

2. 键合时间

通常键合时间都为几毫秒，不同键合点的键合时间也不一样。一般来说，键合时间越长，焊点吸收的能量越多，键合点的直径就越大，使焊接面强度增加而引线的颈部弧线强度降低。过长的键合时间会使键合点的尺寸过大，超出焊盘边界并导致空洞产生的概率增加；并且温度的升高会使引线的颈部弧线区域发生再结晶，导致颈部弧线强度降低，增大了颈部弧线断裂的可能性。因此选择合适的键合时间显得尤为重要。

3. 键合温度

键合温度指的是外部提供的加热温度，引线键合对键合温度有较高的控制要求。过高的温度会导致产生过多的氧化物从而影响键合质量，由于热应力应变的影响，使图像的监测精度和芯片的可靠性也随之下降。在实际工艺过程中，温控系统都会添加预热区、冷却区，以提高温度控制的稳定性。

图 5.4 所示为自动引线键合工艺的分步循环动作。自动搜索用于精确搜索并定位焊垫的位置。第一焊点键合完成后按照机台设定的弧线算法拉出一定的线弧，拉出的线弧到达第二焊点后线弧完成，接着键合并形成线尾，最后线夹提升到一定的高度进行打火，形成金球后再进行新的位置的第一焊点键合。

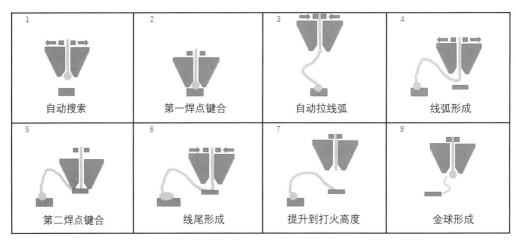

图 5.4 自动引线键合工艺（球焊）

5.1 引线键合设备

目前，主流的引线键合设备以欧美国家制造的为主，引线键合机全球市场占有率最高的两家公司是美国的库力索法（Kulicke & Soffa，简称 K&S）和 ASM 太平洋（ASM Pacific，最早由荷兰公司 ASMI 出资设立，目前总部位于新加坡），两家公司的全球市场占有率之和超过

80%，其中，库力索法的全球市场占有率超过 60%。

库力索法的引线键合机型号有 ICONN、ICONN PLUS、ICONN LA、CONNX、CONNX PLUS、CONNX LED、CONNX ELITE 等。图 5.5 所示为库力索法的引线键合机。

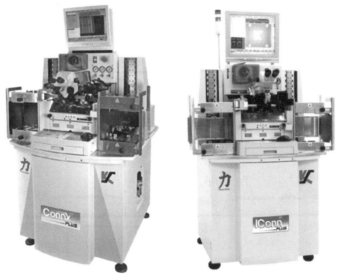

图 5.5　库力索法的引线键合机

ASM 太平洋的引线键合机型号有 Eagle60、iHawk xtreme、iHawk xtreme GOCU、Eagle xtreme、Eagle xtreme GOCU、AB350、AB380、AB383 等。图 5.6 所示为 ASM 太平洋的引线键合机。

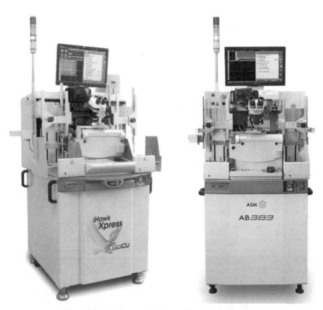

图 5.6　ASM 太平洋的引线键合机

不同类型的引线键合机的结构基本相同，如图 5.7 所示，包含金线转轴，用于安放键合使用的金属引线；XY 马达，使焊接工作台前后、左右移动；左 / 右升降台；气体气压指示表；焊头；关键的工作主单元主要部件有劈刀、工作台；底部为电脑主机、电源和控制系统。

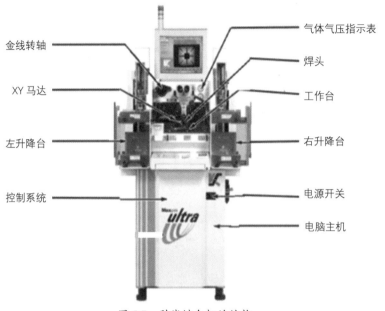

图 5.7　引线键合机的结构

引线键合机的主要系统包括影像识别、焊头、材料传送、控制系统、机台操作界面及机器的特性参数。

如图 5.8 所示，引线键合机的关键结构主要由键合工作台面、键合头、金线转轴、待加工品供给、加工完成品接纳部分组成。

图 5.8　引线键合机的关键结构

其中，送线装置是键合头的关键部分，其作用是实现金属引线的低阻力和恒定张紧力的传送。送线装置主要由线轴、换向轴、空气导向器、真空张紧装置等组成，如图 5.9 所示。

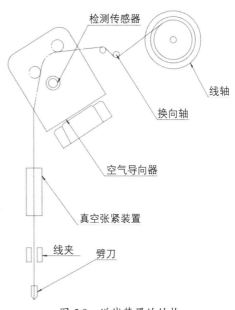

标准线轴的直径为 48 mm，由步进电机驱动线轴旋转送线。为了满足引线高速键合和频繁启停的需求，步进电机需要具有较快的响应速度。线轴送线之后，金属引线通过换向轴换向并产生一定的张紧力，换向轴可以控制金属引线的传送路径，消除线轴缠绕后产生的曲向力。在经过换向轴后，金属引线进入空气导向器，由空气导向器吹气使金属引线浮起，并利用形成的气旋将金属引线吹高，辅助形成线弧，空气导向器预存储一定量的金属引线。

图 5.9　送线装置的结构

同时，由于金属引线处于气旋之内，与前端路径产生的摩擦力得以消除。送线空间较为狭小，在空气导向器中安装检测传感器，用于检测金属引线的进给情况。真空张紧装置则是利用真空将金属引线拉紧，保证金属引线在劈刀内处于垂直状态。在焊线键合过程中，拉紧的金属引线通过气流控制配合键合头的运动形成焊接弧线。

送线装置的功能是稳定地将金属引线从线轴经过多个结构后传送到劈刀的末端。另外，由于键合机的键合速度极快，需要送线装置在极短的时间内响应并能够高精度地传送金属引线。送线的关键是实现金属引线高速低阻地传输和对恒定张紧力的控制，要求送线加速度 ≥1 g（g 为重力加速度）；金属引线传输的最大阻力 ≤8.0×10^{-4} N（80 dyne），dyne 是物理中力的单位。送线装置的传输路径、送线阻力、张紧力及送线精度都有很高的要求。

由于步进电机只有周期性误差而无累计性误差，在速度和位置控制等方面的性能优异；同时，送线装置的电机要求频繁启停，对电机的响应速度要求较高。为了实现上述功能，送线装置设计上采用高速响应的步进电机驱动线轴。为了适应高速全自动键合的需求，空气导向器采用气体导轨和非接触光纤探测器进行导向和测量，其中光纤探测器选用高反应速度的反射型光纤。如图 5.10 所示，设计空气导向器时主要运用气浮原理，金属引线传输时经过上

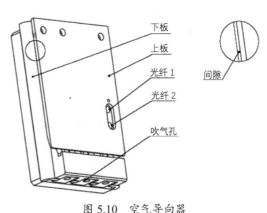

图 5.10　空气导向器

板和下板之间的间隙，在传输的同时高压气体经过吹气孔进入间隙中使金属引线浮起，减少金属引线和上下板的接触，光纤 1 和光纤 2 用于检测金属引线的位置并判断是否送线。上板和下板在机械加工时采用精密磨削的抛光技术，使表面光洁度达到 0.2 μm 以下，以保证送线的通畅。

引线键合机的送线与焊接工艺紧密相连，关键工艺点如下。

（1）在第一焊点完成超声波焊接并拉出线弧的过程中，为了使线弧按照程控设定的轨迹形成弯曲，劈刀内部的金属引线需要处于张紧状态。

（2）在整个键合过程中，送线装置需要保持金属引线的移动顺畅，还要保证金属引线进给的启停可控。

（3）实时对金属引线进行监测，避免因金属引线断裂而造成键合损失。

（4）送线及金属引线尾丝的长短一致性要求高，这就要求送线的全过程处于轻微摩擦或无阻力的状态，要求自动检测功能准确可靠。

劈刀是引线键合机中的重要部件，价格高昂，属于易消耗品。劈刀的选型与性能决定了键合的灵活性、可靠性和经济性。

劈刀的选择直接决定了焊接键合的水平，劈刀的主要参数如图 5.11 所示，包括 H（内径尺寸）、CD（内锥面开口孔径）和 ICA（内锥面开口角度）。内径尺寸通常选择焊线直径的 1.5 倍，内锥面开口孔径的选择需要考虑焊球的直径和芯片焊盘区域的大小。

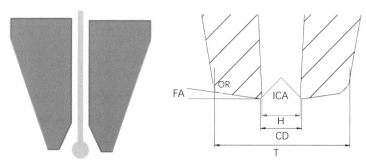

图 5.11　劈刀的结构及尺寸示意图

如表 5.1 所示，按照焊球形成的不同形状，劈刀分为毛细管劈刀和楔形劈刀。

表 5.1　毛细管劈刀和楔形劈刀

种类	图示	成分	用途	特点
毛细管劈刀		陶瓷、钨或红宝石	球形引线键合	键合时出现球形焊点

续表

种类	图示	成分	用途	特点
楔形劈刀		陶瓷、碳化钨或碳化钛	楔形引线键合	键合时出现楔形焊点

图 5.12、图 5.13 所示是两种不同的劈刀。

图 5.12　毛细管劈刀

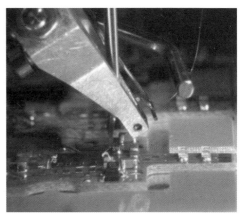

图 5.13　楔形劈刀

在键合过程中，穿过劈刀的金属引线在刀头与焊盘金属间产生压力和摩擦，因此，通常使用具有高硬度与韧度的材料制作劈刀。结合劈刀的加工和键合方法，要求劈刀材料具有较高的密度、较高的弯曲强度及可加工的光滑表面。常见的劈刀材料有碳化钨（硬质合金）、碳化钛和陶瓷等。

碳化钨抗破损能力比较强，以前被广泛应用于劈刀的制作，但碳化钨的机械加工比较困难，不易获得致密且无孔隙的加工面。碳化钨的导热率高，为避免在键合过程中焊盘上的热量被劈刀带走，在键合时碳化钨劈刀本身必须被加热。碳化钛的材料密度低于碳化钨，并且比碳化钨更柔韧。在使用相同超声换能器及相同种类劈刀的情况下，超声波传递到碳化钛劈刀所产生的刀头振幅比碳化钨劈刀大 20%。

近些年来，陶瓷因具有光滑、致密、无孔隙和化学性质稳定的优良特性，被广泛应用于劈刀的制作。陶瓷劈刀的端面及开孔加工情况优于碳化钨劈刀。另外，陶瓷劈刀的导热率低，劈刀本身可以不被加热而键合。陶瓷劈刀的焊接次数可达 100 万次。

陶瓷劈刀的主要构成材料是氧化铝。细颗粒、高密度的氧化铝具有很强的耐磨损和抗氧化能力，并且易于清洁，添加其他成分后在气氛炉中烧至 1600℃以上，再经过精加工形成用于

芯片引线键合所使用的高寿命耗材。

陶瓷劈刀在氧化铝的基础上添加氧化锆、氧化铬等，使陶瓷劈刀的分子结构更加紧凑，硬度更高，更耐磨损，寿命更长。锆掺杂陶瓷劈刀的主要成分是氧化锆，它可以增强氧化铝陶瓷的韧性和强度，使陶瓷劈刀微观结构均匀而致密，密度提高到 $4.3g/cm^3$。四方相晶体结构氧化锆的含量和均匀致密的微观结构使锆掺杂陶瓷劈刀具有非常优异的力学性能，可以减少焊线过程中陶瓷劈刀尖端的磨损和更换的次数。

铬掺杂陶瓷劈刀颜色呈红色，红色来源于铬，主要成分为 Cr_2O_3（三氧化二铬），含量一般为 0.5%~2.0%（质量分数）。铬属于三方晶系、复三方偏方面体晶类，它可以使陶瓷劈刀的密度提高到 $3.99~4.00g/cm^3$，晶体形态多呈板状、短柱状，集合体多呈粒状或致密块状，依据 Cr_2O_3 含量的不同具有透明或半透明的特性，具有亮玻璃光泽。Cr_2O_3 的掺入会使陶瓷劈刀的密度增大、晶粒尺寸变小、脆性减小，从而赋予陶瓷劈刀出色的抗压、抗弯、抗锤击等性能。除此之外，还会影响到陶瓷劈刀的硬度、弹性模量和断裂韧性等性能参数。

 ## 5.2 引线键合方法

常用的引线键合方法有热压焊、超声波焊和热超声焊。热压焊键合通过加压和加热，使金属引线与焊区接触面的原子之间达到原子引力范围，从而实现键合。热压焊使金属引线的一端成球形，另一端成楔形，常用于 Au（金）引线的键合。金属引线穿过预热至约 300~400℃由 Al_2O_3（氧化铝）或 WC（碳化钨）等耐火材料所制成的毛细管状 Bonding Tool/Capillary（键合头，键合工具/劈刀，也称为劈刀瓷嘴或焊针），再以电火花或氢焰将金属引线烧断，并利用熔融金属的表面张力效应使金属引线的末端成球状（直径约为金属引线直径的 2 倍），键合头再将金球下压在已预热到 150~250℃的第一焊点，进行 Ball Bond（球形结合、键合球）。在键合时，金球因受压力而略微变形，施加压力变形的目的在于增加键合面积、降低键合面粗糙度对键合的影响、穿破金属表面氧化层及其他可能阻碍键合的因素，形成紧密的键合。

热压焊键合的过程示意如图 5.14 所示。

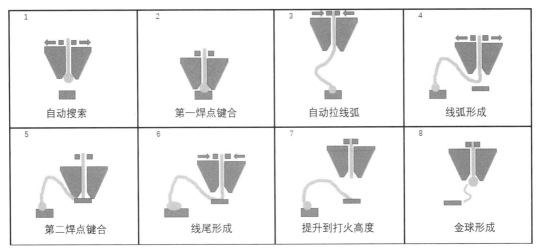

1 自动搜索	2 第一焊点键合	3 自动拉线弧	4 线弧形成
5 第二焊点键合	6 线尾形成	7 提升到打火高度	8 金球形成

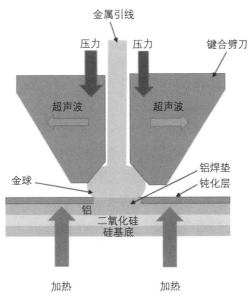

图 5.14　热压焊键合过程示意

如图 5.15 所示，热压焊键合完成后会形成两个焊点，第一焊点呈球形，第二焊点即金属引线键合结束时的焊点，呈楔形。

热压焊键合　　　第一焊点　　　第二焊点

图 5.15　热压焊键合的焊点形状

超声波焊键合时的超声波是由压电性物质产生的。压电性指的是当给物质施加压力时，物质会发生电解反应从而产生电流，反之进行电解时物质会产生压力。超声波的频率与施加的电流频率相同且振动方向一定要与芯片表面平行，压力则与之垂直。

如图 5.16 所示，超声波发生器主要由超声发生器、换能器、安装环、变幅杆部件组成。

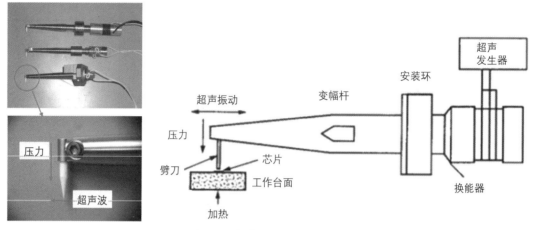

图 5.16　超声波发生器的结构

超声波焊键合是超声波发生器使劈刀发生水平方向的弹性振动，同时施加向下的压力。劈刀在两种力的作用下使金属引线在焊区金属表面迅速摩擦，金属引线发生塑性变形，与芯片键合区紧密键合完成焊接。超声波焊键合工艺常用铝丝键合，两个焊点都是楔形。超声波键合时以键合楔头（Wedge）引导金属引线使其压紧在金属焊盘上，再由楔头输入频率为 20 ~60kHz 的超声波，产生 20~200μm 的超声振幅，平行于焊垫表面。

如图 5.17 所示，超声波焊键合的过程是由超声压头将金属引线定位到第一焊点的位置，即芯片焊垫，而后超声振动并施加一定的压力到焊点，完成第一焊点的键合。接下来超声压头将引线定位到第二焊点，即基板焊垫，同时超声振动施加一定的压力到焊点，完成第二焊点的键合。最后形成楔形焊点并切断金属引线，再将金属引线拉引，准备新的焊点键合。

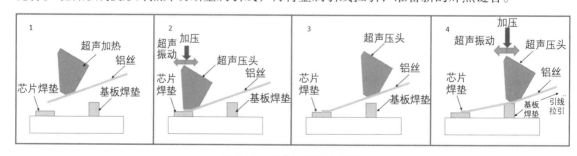

图 5.17　超声波焊键合过程

如图 5.18 所示，超声波焊键合完成后形成的第一焊点和第二焊点的形状都是楔形。

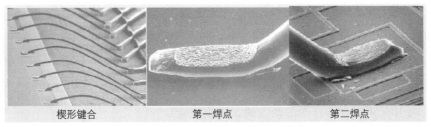

| 楔形键合 | 第一焊点 | 第二焊点 |

图 5.18　超声波焊键合的焊点形状

　　热超声焊键合是利用金属引线将芯片的电极（焊垫）与外部引脚相连接的工艺。如图 5.19 所示，热超声焊键合中，高温、超声波功率、压力及其他因素的作用使相互接触的两种金属（金或铝）发生软化变形，同时两种金属间发生原子扩散形成 Intermatellic Compound（金属化合物）或 Alloy（合金）。热超声焊键合过程与热压焊键合类似，区别是热超声焊键合使用超声波且引线框架需要加热到 200~260℃。

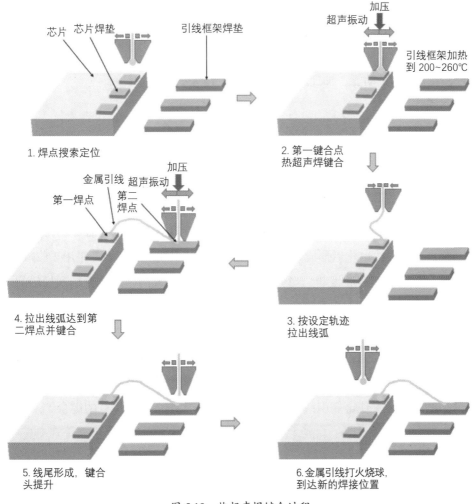

图 5.19　热超声焊键合过程

四大键合因素的说明如下。

1. 键合力

（1）将金球或金属引线固定于焊线位置以便于超声能量的传播。

（2）焊线的键合压力使金属引线与焊接表面紧密压合，并使金属引线延伸变形。

（3）金属引线延伸使其表面污染破裂，露出纯金。

（4）金属引线的表面与键合表面相互接触发生金属间的分子键合。

2. 超声波

（1）促进键合表面间的原子相互扩散。

（2）使焊线及焊接表面软化。

（3）超声功率可使键合面之间产生少量的热量。

（4）换能杆的振动幅度与超声能量成正比。

（5）超声能量越高，振幅越大，键合球尺寸也越大。

3. 温度

（1）去除键合面上的潮湿气体、油污等污染物。

（2）增加金属原子动能，加速原子间的键合。

4. 键合时间

（1）键合时间是键合过程中超声能量的作用时间。

（2）键合时间一般设定为 5~3980ms。

（3）过短的键合时间一般不能完成有效的键合。

热超声焊键合分为两个键合阶段，即第一焊点和第二焊点的键合。

第一焊点的键合：如图 5.20 所示，金属引线穿过劈刀正中央的毛细管小孔，提高金属引线末端的温度，金属引线熔化后形成金球，打开夹持金属引线的夹钳，夹钳用于收放金属引线，施加一定的热、压力和超声波振动，当劈刀接触焊盘时，形成的金球会黏结到加热的焊盘上。完成第一焊点键合后，将劈刀提升到比预先测量的环路高度略高的位置，拉线弧形成一定高度的 Loop（引线环路）并移动到第二焊点。

第二焊点的键合：向劈刀施加热、压力和超声波振动，并将第二焊点形成的金球压在框架或基体焊盘上，完成针脚式键合。当金属引线处于连续断裂状态时拉尾线，形成线尾。之后收紧毛细管劈刀的夹钳（夹住金属引线），断开金属引线，结束第二焊点的键合。

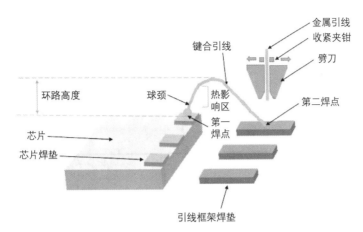

图 5.20　热超声焊键合示意图

三种键合工艺各有优劣，表 5.2 所示为三种键合工艺的优缺点对比。

表 5.2　三种键合工艺优缺点对比

不同种类的键合	引线材料和直径	引线的切断方法	优点	缺点	其他
热压焊键合	金，$15{\sim}100\,\mu m$	高电压(电弧)拉断	键合牢固、强度高，在粗糙表面上也可以键合，工艺简单	需要表面比较洁净，要注意温度的影响	对于单颗芯片的键合比较适用
超声波焊键合	金、铝，$10{\sim}500\,\mu m$	超声送线压头拉断、高电压(电弧)拉断	不需要加热，对表面洁净度无高要求	对粗糙度要求高，工艺控制复杂	铝最适合
热超声焊键合	金，$15{\sim}100\,\mu m$	高电压(电弧)拉断	和热压焊键合相比，可在较低的温度和压力下键合	需要加热，工艺控制较热压焊复杂	对于多颗芯片的键合连接更适用

5.3 引线键合的检测

引线键合完成后的检测也很重要，关系到产品的可靠性及后续的最终功能测试。检测项目包括目检、推球、拉线、第二焊点拉线、红外线显微镜检查、剖面分析、化学腐蚀等。

1. 目检

目检是在显微镜下对完成品进行检查确认，检查内容有焊球短路、焊点的位置偏移、焊球大小、第二焊点的鱼尾大小、错焊、线尾残留、引线受损等。

（1）焊球短路：键合要求金球与相邻的金球或金属引线之间不得短路触碰，图 5.21 所示为实际的异常。

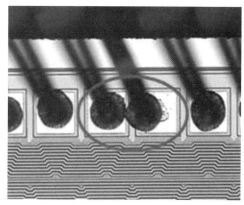

图 5.21　焊球短路

（2）焊点的位置偏移：键合要求键合后金球在焊垫有效面积的 75% 以内，金球与相邻金球或金属引线之间不得触碰，图 5.22 所示为实际的异常。

（3）焊球大小：键合要求设定金球大小为焊垫尺寸的 85% ± 10%，拒收最小球径小于 1.5 倍线径者，拒收最大球径大于 4 倍线径者，金球与相邻金球或金属引线之间不得触碰，图 5.23 所示为实际的异常。

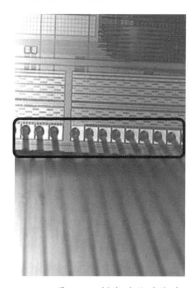

图 5.22　焊点的位置偏移

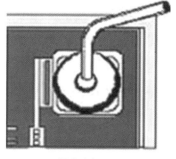

焊球过大

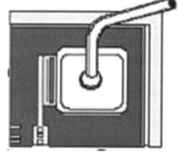

焊球过小

图 5.23　焊球过大或过小

（4）第二焊点的鱼尾大小：楔形的第二焊点通常称为鱼尾，键合要求拒收第二焊点鱼尾宽度小于 1.5 倍线径或大于 4 倍线径者，拒收第二焊点鱼尾长度小于 1 倍线径或大于 3 倍线径者，图 5.24 所示为实际的异常。

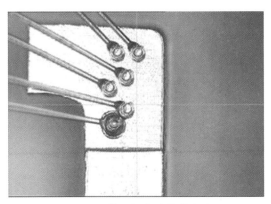

图 5.24　第二焊点的异常鱼尾

（5）错焊：键合的实际焊线位置与键合装配图（Bonding Diagram，BD）要求的不一致，键合装配图是封装前由设计部门专门设计的键合装配图纸，包括芯片键合和引线键合的图形、材料、工具及相关要求等，便于生产作业，图 5.25 所示为实际的异常。

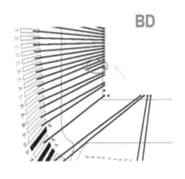

图 5.25　实际焊线位置与键合装配图不一致

（6）线尾残留：键合要求拒收线尾残留并黏着在铝垫上长度大于 2 倍线径者，拒收线尾残留在手指区、铜板区、连接带上长度大于 4 倍线径者，图 5.26 所示为实际的异常。

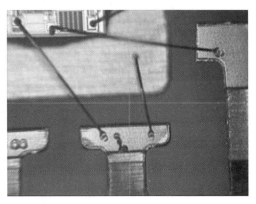

图 5.26　线尾残留

（7）引线受损：键合要求拒收金属引线本身和球颈部分存在受损、刮伤等超过 25% 线径者，图 5.27 所示为实际的异常。

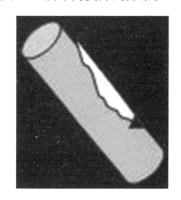

图 5.27　引线受损

（8）碰线、线距不足、塌线：键合要求拒收任意方向的线弧弯曲或塌线导致金属引线与金属引线之间或金属引线与芯片之间短路，拒收线弧与线弧的间隔距离小于 1 倍线径者，拒收第一焊点上方线弧与线弧之间间距、线弧与芯片边缘之间间距、线弧与其他引脚之间间距小于 1 倍线径者。图 5.28 所示为实际的异常。

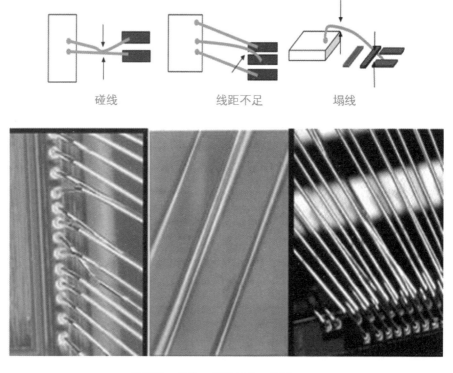

碰线　　　　　　　　线距不足　　　　　　　　塌线

图 5.28　碰线、线距不足、塌线

（9）键合线的弧度不良：键合要求拒收弧度超出规格值的最大极限（X>SPEC 值）者，

拒收线弧被拉平，线距离芯片表面及芯片边缘不足 1 倍线径（X<SPEC 值）者。图 5.29 所示为实际的异常。

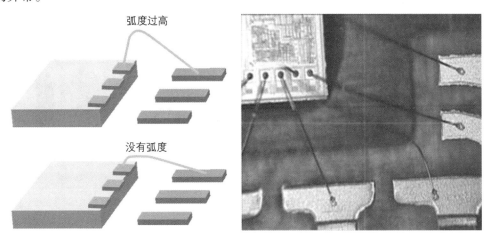

图 5.29　键合线弧度不良

（10）漏焊线：键合装配图规定应该焊线而实际未焊线，图 5.30 所示为实际的异常。

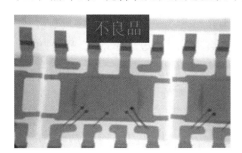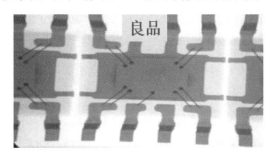

图 5.30　漏焊线

（11）键合造成晶粒崩角、隐裂：作业中的外力伤及晶粒实体，造成部分晶粒缺失损坏，图 5.31 所示为实际的异常。

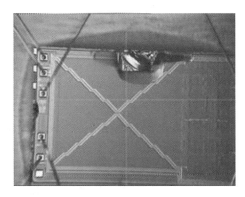

图 5.31　键合造成晶粒崩角、隐裂

（12）第二焊点颈部断裂：键合要求拒收第二焊点的颈部有拉折、撕裂、裂痕者，图 5.32

所示为实际的异常。

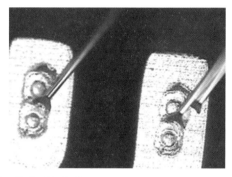

图 5.32 第二焊点颈部断裂

2. 球的推力测试

球的推力测试也称键合点强度测试。根据所测试的焊球和芯片，选用刚硬精密的推刀夹具，通过三轴测试平台，将测试头移动至所测试产品的后上方，让剪切工具与芯片表面呈 90°±5° 的夹角，并与受测试的焊球凸点或芯片对齐。使用灵敏的触地功能找到测试基板的表面。同时需要让剪切工具位置保持准确，按照设备设置的移动速率，每次都在相同的高度进行剪切。

球的推力测试配有定期校准的传感器(传感器的负载能力应超过焊球最大剪切力的1.1倍)、高功率光学芯片、稳定的双臂显微镜加以辅助。配置摄像系统进行加载工具与焊接对准、测试后检查、故障分析和视频捕获。不同应用的测试模块可轻易更换。同时具有先进的软件控制。

球的推力测试基于 JEDEC JESD22-B116- 金球剪、JEDEC JESD22-B117- 焊球剪切、ASTM F1269 - 球键剪切、MIL STD 883- 芯片剪切等相关行业内的标准执行。

球的推力测试范围为 250g~5kg。芯片的推力测试范围为 0~100kg，0~200kg 也比较常见。球的推力测试会在最弱的结合面剪切第一焊点，推球后需观察推落的模式。图 5.33 所示是球的推力测试示意图。

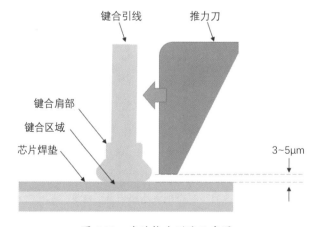

图 5.33 球的推力测试示意图

焊球在推力作用下的几种失效模式如下。

（1）如图 5.34 所示，球脱模式可以分为整个焊球脱离但是没有包含形成的金属间化合物和包含形成的金属间化合物两种。金属间化合物是指由于推力导致铜铝材料的残留。

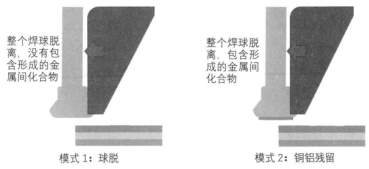

图 5.34　焊球在推力作用下的失效模式（球脱、铜铝残留）

（2）如图 5.35 所示，经一定的推力作用后焊球的焊接面会残留铜铝材料，其中铝材料来自芯片的焊垫，或只残留引线的本身材料，如铜材料。

图 5.35　焊球在推力作用下的失效模式（铜铝材料分别残留、引线铜材料残留）

（3）如图 5.36 所示，经一定的推力作用后焊垫金属从焊垫脱离，严重的甚至不仅导致焊垫金属从焊垫脱离，而且还会将芯片的基底材料带出。

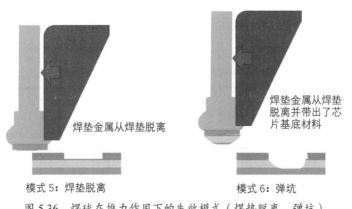

图 5.36　焊球在推力作用下的失效模式（焊垫脱离、弹坑）

91

（4）如图 5.37 所示，推刀的位置设置错误，若设置过高，可能会在引线颈部将键合引线推断，若设置过低，可能会将整个焊垫层推走。

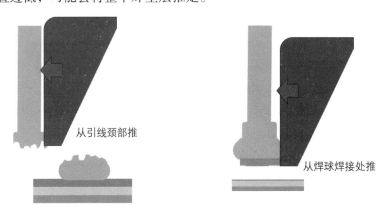

模式 7：推刀位置设置过高　　　　　　　模式 8：推刀位置设置过低

图 5.37　焊球在推力作用下的失效模式（推刀位置设置过高、推刀位置设置过低）

对于焊球在推力作用下失效模式是否合格的判定如表 5.3 所示。

表 5.3　焊球推力作用下的失效模式及判定

编号	失效模式	图例	判定
A	球脱	整个焊球脱离，没有包含形成的金属间化合物	不合格
B	铜残留 >80%	焊球焊接面引线铜材料残留，焊区金属层无影响	合格
C	铜残留 <80%	焊球焊接面引线铜材料残留，焊区金属层无影响	不合格

续表

编号	失效模式	图例	判定
D	弹坑	焊垫金属从焊垫脱离并带出了芯片基底材料	不合格
E	推刀位置设置过高	从引线颈部推	不合格
F	推刀位置设置过低	从焊球焊接处推	不合格

有效模式如下。

（1）Ball Lift（焊球举起）：小于或等于 25% 的金属引线材料残留在焊区金属层。

（2）Ball Shear（焊球断裂）：大于或等于 25% 的金属引线材料残留在焊区金属层。

（3）Pad Metal Lift（焊区金属举起）：焊区金属黏附在焊球上，从芯片的基底脱落。

（4）Cratering（弹坑）：芯片的基底硅层或氧化层损坏或脱落。

无效模式如下。

（1）推刀推线或其他干扰。

（2）推刀推到焊球的上部或未推掉焊球的全部。

（3）推球过程中推刀接触到芯片表面。

（4）推球结束后推刀划到芯片。

（5）其他。

3. 拉线测试

拉线测试（Wire Pull）是常用的监控键合线弧和工艺质量的测试。它属于破坏性测试，拉断点为线弧的最弱位置。如图 5.38 所示，测试位置为距离第一焊点的 1/3 位置或第二焊点的 1/3 位置。拉线钩的放置位置和线弧形状会影响测试结果。

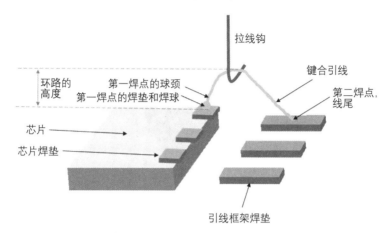

图 5.38　拉线测试示意图（距离第一焊点的 1/3 位置处）

常规的拉线测试基于相关行业标准，如 MIL-STD-883 的要求，将拉线钩移动到焊线下方，并沿 Z 轴的方向向上拉扯，直到焊接被破坏（破坏性测试）或达到预先定义的力度（非破坏性测试）。图 5.39 所示是第一焊点拉线测试。拉线测试同时参考冷 / 热焊凸块拉力 -JEITA EIAJ ET-7407、倒装焊拉力 -JEDEC JESD22-B109、冷焊凸块拉力 -JEDEC JESD22-B115、引线拉力 -DT/NDT MIL STD 883 等相关标准。拉力的测试范围为 0~100g、0~1kg、0~10kg。

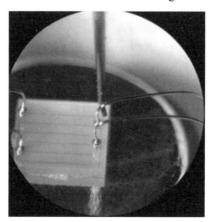

图 5.39　第一焊点拉线测试

拉线的质量评判定义：拉线是对键合引线的各个部分进行质量评判，如图 5.40 所示，第一处是第一焊点的焊垫和焊球，第二处是第一焊点的球颈，第三处是键合引线，第四处是第二焊点的焊接位置，第五处是第二焊点的线尾。

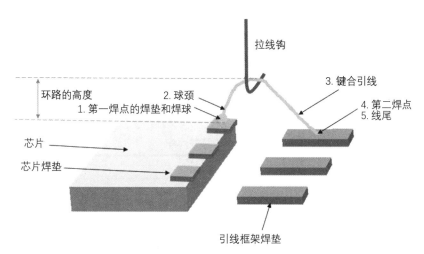

图 5.40　拉线对应的引线各个部分

拉线导致的各类状态及判定如表 5.4 所示。

表 5.4　拉线导致的状态及判定

编号	拉线导致的状态	图例	判定
A	焊球颈部断裂		合格
B	第二焊点引脚侧部断裂，有残留		合格
C	引线中间断裂		合格
D	第二焊点引脚侧部断裂，无残留		不合格

95

续表

编号	拉线导致的状态	图例	判定
E	焊垫脱落且压焊区有缺铝现象		合格
F	焊垫脱落但焊区无缺铝现象		不合格
G	焊垫脱落且焊区有弹坑现象		不合格

第二焊点拉线力（Wire Peel）是测试拉线变化的一个指标，它不是对整条线弧的测试，而是测试第二焊点的键合强度，观察拉线后的残留金属状况对工艺分析非常重要。如图5.41所示，进行拉线力测试时，拉线钩要尽量靠近第二焊点，这样线弧会断裂在第二焊点处。第二焊点的拉线力测试是破坏性测试，非标准测试项。

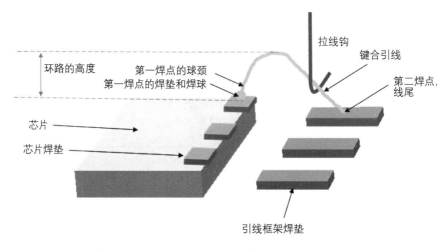

图 5.41　拉线力测试示意图（第二焊点 1/3 位置处）

如图 5.42 所示是第二焊点的拉线力测试。

图 5.42　第二焊点拉线力测试

 ## 5.4　键合的失效可靠性

　　焊盘产生弹坑是超声波焊键合中一种常见的缺陷现象，如图 5.43 所示，弹坑是指焊盘金属层下面的二氧化硅层或其他层被破坏。弹坑是肉眼难以看到的，会影响电性能。

　　产生弹坑的原因有多种：过高的超声波能量导致硅晶格点阵的破坏、键合压力太高、焊球太小导致坚硬的键合头接触到焊盘。焊盘厚度达到 1.3 μm 时被破坏的可能性小，厚度小于 0.6 μm 时则容易受到破坏。在使用铝线的超声波焊键合中，铝线太硬容易导致弹坑产生。

　　弹坑产生的主要原因有以下 9 种。

　　（1）超声波能量过高导致硅晶格层错乱。

　　（2）楔焊键合时键合力过高。

　　（3）键合工具对基板的冲击速度过高，一般不会导致硅材料芯片产生弹坑，但会导致其他材料（如砷化镓）芯片产生弹坑。

　　（4）键合时的焊球太小，致使坚硬的键合工具接触到焊盘金属层。

　　（5）焊盘的厚度太薄，1~3 μm 厚度的焊盘损伤比较小，但 0.6 μm 以下厚度的焊盘容易存在问题。

　　（6）当焊盘金属和金属引线的硬度匹配不好时会产生弹坑。

　　（7）铝丝超声波焊键合时金属引线太硬可能导致晶圆焊盘产生弹坑。

　　（8）芯片本身的问题。

（9）晶圆测试时探针刺伤焊垫。

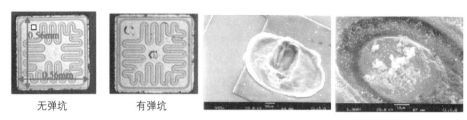

图 5.43　弹坑

弹坑缺陷产生后一般需要做化学腐蚀分析，化学腐蚀分析是一项很重要的分析。如图 5.44 所示，将焊区的金属铝腐蚀掉以后，可以观察到金属间化合物的覆盖率，以及焊区金属层下方电路是否有损伤。该分析作为工程分析手段可以用于评估新的焊区、金属工艺、新型金属引线、新的键合机台等。

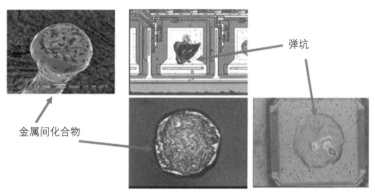

图 5.44　金属间化合物和弹坑

键合点实际是由金属间化合物将引线材料和芯片焊垫材料的两种金属结合在一起。金属间化合物的形成依赖于金属间接触的时间和温度。键合点的强度和可靠性通常取决于金球和焊区金属间化合物的接触面积，焊区不受污染是形成高质量金属间化合物的必要条件。

键合点的开裂和翘起：键合点的后部过分地被削弱而前部过于柔软都会导致开裂。在弧度的形成过程中引线太柔软也是导致这种现象产生的原因。开裂常常发生在铝线楔形键合的第一焊点和球形键合的第二焊点。

键合点尾部不一致：原因有引线的通道不干净、引线的进料角度不对、劈刀有部分被堵塞、引线夹污染过多、引线夹距离或夹力不正确、引线张力不正确等。键合点尾部太短会导致键合力的作用附加在过小的面积上，键合点尾部产生较大的变形；但是太长又会导致焊盘间的短路。

键合点剥离：当键合头将引线部分拖断而不是截断时容易产生这种情况。这是由于工艺参数选择不正确或工具老化失效所导致的。

影响内引线键合可靠性的主要原因有以下 5 种。

（1）形成的焊接面绝缘层未去除干净，如芯片键合区的光刻胶或窗口钝化膜未去除干净。芯片的镀金层质量低劣会导致表面疏松、发红、鼓泡、起皮等。金属间键合接触时，在有氧、氯、硫的潮湿环境下，金属往往会与这些气体发生反应生成氧化物、硫化物等绝缘夹层；或受氯的腐蚀，导致接触电阻增加，使键合的可靠性降低。

（2）金属层的缺陷，主要有芯片金属层过薄，使得键合时无缓冲作用；芯片金属层有合金点，在键合处形成缺陷；芯片金属层黏附不牢固，压焊点容易脱落。

（3）表面沾污，原子不能互相扩散，芯片、管壳、劈刀、金属引线、镊子、钨针等各个部件在各个环节均可能产生沾污。例如，外界环境的净化度不够造成灰尘沾污；人体净化不良造成有机物沾污及钠沾污等；芯片、管壳等未及时处理干净；残留的镀金液造成钾沾污及碳沾污等，这种沾污属于批次性问题，可造成一批芯片的报废或引起键合点腐蚀，导致失效；金属引线、管壳存放过久，不但易沾污，而且易老化，金属引线硬度和延展率也会发生变化。

（4）材料间的接触应力不当，键合应力包括热应力、机械应力和超声应力。键合应力过小会导致键合不牢，但是键合应力过大同样会影响键合点的机械性能，不仅会造成键合点根部损伤，引起键合点根部断裂失效，而且会损伤键合点下的芯片材料，甚至出现裂缝等异常。

（5）引线框架腐蚀，镀层污染过多及较高的残余应力会导致引线框架腐蚀。在组装过程中，引脚弯曲会产生裂纹并暴露在外部腐蚀条件下，同时应力导致的裂纹也会产生；在一定的温度、湿度和偏压下，腐蚀就会因污染、镀层中的孔隙等原因而产生。

导致键合的可靠性失效的主要原因有以下 6 种。

（1）金属间化合物形成：金属间化合物一般包含两种以上的金属元素。它随着时间和温度的增加而增多，容易导致机械和电性能的破坏。金属间化合物主要与柯肯达尔空洞和金属间化合物的生长密切相关。空洞在键合点下会导致电阻升高并弱化机械强度。

（2）引线弯曲疲劳：键合点根部容易产生微裂纹。芯片在使用过程中，这种微裂纹在膨胀和收缩下会沿着引线扩展。引线弯曲会使键合点根部应力有方砖效应，最后导致引线疲劳失效。

（3）键合点翘起：键合过程中键合点的颈部容易发生断裂，导致电气失效。

（4）键合点腐蚀：湿度过高和污染条件容易导致电气短路和断路。

（5）金属迁移：金属迁移导致键合焊盘处的枝晶生成，键合焊盘处的枝晶生成是芯片的一种失效机制。其本质是一种电解过程，在金属、聚集的水、离子群及偏压的作用下，金属离子从阳极区迁移到阴极区。

（6）振动疲劳：一般振动疲劳的失效发生在超声清洗过程中，建议的振动频率为 20~100kHz。

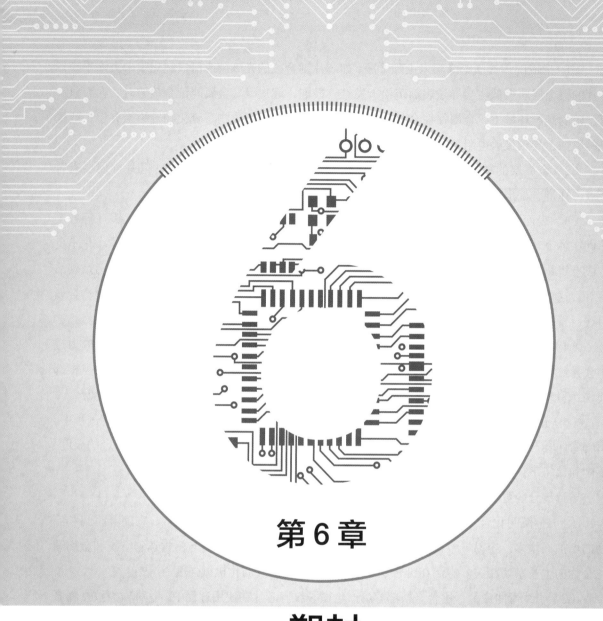

第6章

塑封

芯片经过芯片键合、引线键合之后还是处于裸芯的状态，但是芯片的实际工作环境是非常复杂的，不适宜的温度、湿度、氧气浓度，粉尘及任何的外来异物都可能导致芯片不能正常工作甚至损坏，因此对芯片加以防护，穿上坚固的"外衣"非常重要。塑封（Molding）工序就是给芯片穿上防护的"外衣"，使芯片变得更加坚固耐用。另外，还需在塑封体的顶部打上芯片公司的标记、生产日期、序列号等信息，给芯片编号以便识别和后续跟踪追查。塑封所使用的材料是 Molding Compound（塑封材料），塑封是把塑封材料（热固性树脂）从固态熔化成液态，在一定压力下注入并填满模具的模腔，等待塑封材料再凝结成固态。图 6.1 所示是芯片塑封完成后的切面示意图。

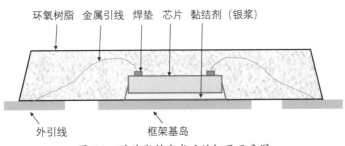

图 6.1　芯片塑封完成后的切面示意图

塑封的主要目的是防止芯片受到外部环境的影响，使芯片和外部环境隔绝，以便于工作时散发热量，以及在后续的上板安装焊接时便于搬拿。

塑封的整个过程可以在塑封机器上完成。如图 6.2 所示，塑封的基本工艺步骤是放入 Magazine → Magazine 装载进机台→传送引线金属框架→预热引线金属框架→装载进 Pellet（颗粒，指的是固态的塑封材料）塑封模具→塑封材料浇注→退出 Pellet 塑封模具→退出 Magazine。

图 6.2　塑封的基本工艺步骤

在塑封结束后还需要进行 PMC-Post Mold Cure（模后固化）的工序，对塑封材料进行加热固化成型，加热固化可以消除内部产生的应力，以保护芯片的内部结构。

加热温度：175℃±5℃；加热时间：8h。加热固化可以提高热固性塑封件的硬度，稳定固化物分子的结构，减少因塑封结束后温度降低所产生的固化材料的应力，提高固化件的机械特性。图 6.3 所示是 PMC 烤箱及烘烤曲线图。

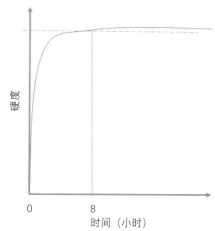

图 6.3　PMC 烤箱及烘烤曲线图

6.1 塑封工具及过程

目前，大部分塑封工艺都是使用半自动或全自动设备进行，老式的一冲一模式设备现在基本仅用于试验打样。塑封工艺是塑封的关键，大量的参数必须通过监控和调整才能完善塑封的工艺。图 6.4 所示是塑封机和主要部件。

图 6.4　塑封机和主要部件

图 6.4　塑封机和主要部件（续）

按照图 6.2 所示的塑封的基本工艺步骤，可以看出塑封最主要的单元是塑封模具。

如图 6.5 所示，塑封模具主要由 Top Chase（上模）、Bottom Chase（下模）、Plunger（注塑头）构成。浇注时上模与下模合在一起，芯片位于上模与下模之间。

上模　　　　　　　　　　　　下模　　　　　　　　　　　注塑头

图 6.5　塑封模具

将完成引线键合的芯片放置于上模与下模之间，上模与下模合模后由注塑头将加热成液态的塑封材料沿着注入孔注入上模的固定空腔中，使塑封材料填满整个模腔。图 6.6 所示是塑封结构示意图。

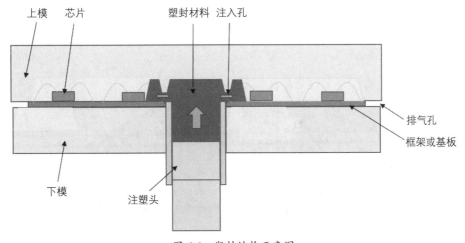

图 6.6　塑封结构示意图

如图 6.7 所示，塑封模具分为单连体模具和多连体模具，用于放置芯片并浇注塑封材料。

单连体模具适用于大尺寸的芯片封装体，多连体模具适用于小尺寸的芯片封装体。

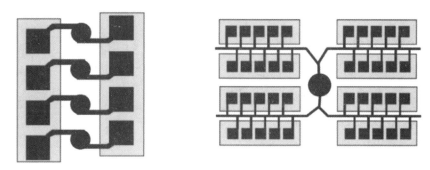

单连体模具　　　　　　　　　　多连体模具

图 6.7　单连体模具和多连体模具

在生产作业时，多个芯片同时进行塑封浇注。模具有注入孔和排气孔。如图 6.8 所示，浇注的过程是将塑封材料由注入孔注入并流到模腔中，模腔中的空气从排气孔排出，等待塑封材料降温后固化，最后清理塑封时留下的残渣异物。

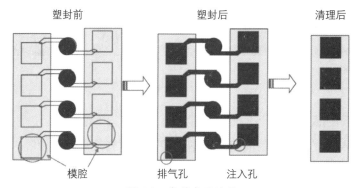

塑封前　　　　　　　塑封后　　　　　　清理后

模腔　　　　排气孔　　　注入孔

图 6.8　塑封浇注过程

如图 6.9 所示，塑封浇注完成并脱模后的芯片已经被塑封材料包覆，此时的芯片还被固定在框架或基板上。

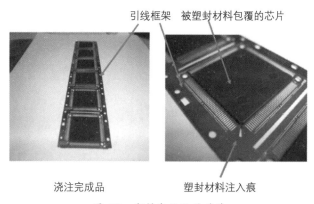

引线框架　被塑封材料包覆的芯片

浇注完成品　　　　　塑封材料注入痕

图 6.9　塑封浇注后的芯片

6.2 塑封材料及工艺

塑封材料又称为环氧塑封化合物材料（Epoxy Molding Compound，EMC），是形成封装体外部形状的材料。如图6.10所示，塑封材料是以环氧树脂为基体，以高性能酚醛树脂为固化剂，加入硅微粉等为填料，并添加多种助剂混配而成的粉末状材料。90%以上的塑封材料采用EMC。

粉末状塑封材料经加热开始熔化，在175℃的高温下熔化成凝胶状态时，黏度变小。当温度降低后塑封材料固化，黏度与温度成反比关系。当温度进一步降低后，塑封材料与印刷电路板、引线框架、导线、芯片等形成牢固的黏结，成为硬度非常高的结构。当塑封材料固化后，芯片使用时如果出现温度的波动，塑封材料能够随着芯片一同膨胀和收缩。另外，塑封材料易于芯片工作时向外散热。

图 6.10　塑封材料

塑封的目的是将一件东西浇注成所需要的形状。在进行半导体芯片的塑封时，负责成型的塑封模具是塑封的关键。

塑封法包括传递塑封法（Transfer Molding）和压缩塑封法（Compression Molding）。传递塑封法是一种较早的塑封方法，压缩塑封法是改进后的塑封方法，它弥补了传递塑封法的缺点。

如表6.1所示，塑封浇注有4个步骤。

（1）将引线框架放置到模具中，芯片位于模具的模腔之中，上下模具进行合模。将块状塑封材料放入模具的注入孔中。

（2）加热使塑封材料熔化，沿着注入孔流向模腔。

（3）先从模腔的底部开始浇注，然后逐渐往上。

（4）熔化的塑封材料完全覆盖包裹芯片，固化成型。

表 6.1　塑封浇注工艺步骤

步骤	工艺	图例
步骤 1	将引线框架放置到模具中，芯片位于模具的模腔之中，上下模具合模。将块状塑封材料放入模具的注入孔中	
步骤 2	加热使塑封材料熔化，沿着注入孔流向模腔	
步骤 3	先从模腔的底部开始浇注，然后逐渐往上	
步骤 4	熔化的塑封材料完全覆盖包裹芯片，固化成型	

　　图 6.11 所示为早期的传递塑封法，是将塑封材料熔化为凝胶状态，而后强制施加一定的压力，使其流过多条狭窄的浇注通道进入模腔。随着芯片的尺寸越来越小，引线键合的结构变得越来越复杂，塑封材料在塑封的过程中不能均匀铺开，导致成型不完整，空隙问题也随之增加，塑封材料的流动控制变得越发困难。

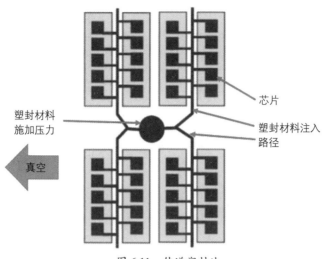

图 6.11　传递塑封法

为了解决这个问题，当塑封材料流动通过狭窄的路径时，一种能形成真空并将其从另一侧拉出以控制塑封材料流动速度的方法被采用。此外，人们正在尝试各种方法减少空隙，以确保塑封材料能够均匀铺开。

随着芯片层数的增加，多芯片封装和引线键合变得越来越复杂，传递塑封法的局限性逐渐显露出来。尤其是为了降低成本，载体（印刷电路板或引线框架）的尺寸变大，使得传递塑封法的使用变得困难。与此同时，由于塑封材料难以穿透复杂的结构并进一步铺开，需要一种新的塑封方法。

如图 6.12 所示，压缩塑封法正是一种能够克服传递塑封法局限性的方法。采用这一方法时，塑封材料被放入模具中，然后进行熔化。采用压缩塑封法时不需要将塑封材料转移到很远的位置。这种塑封方法需要将芯片垂直向下放置在凝胶状塑封材料上，从而减少了诸如空隙和延伸现象等缺陷，并减少了不必要的塑封材料的使用，有益于环境保护并节约了成本。

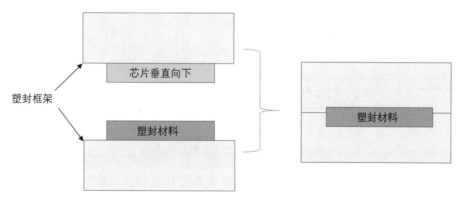

图 6.12　压缩塑封法

传递塑封法和压缩塑封法被同时应用在芯片的塑封制作方面。压缩塑封法具有易于检测缺陷、成本低廉和环境影响小等优点，因此更受青睐。随着产品日趋扁平化和轻薄化，压缩塑封法在未来将有着更多的应用。

在塑封过程中塑封材料的黏度和固化硬度是随着时间的变化而变化的。从放入块状的塑封材料进行加热到浇注结束成型，塑封材料会呈现出不同的特性。

图 6.13 所示的塑封材料黏度和硬度随时间变化的曲线中各个点所代表的意义如下。

A：将塑封材料注入。

B、C：塑封材料从固态熔化成液态。

C、E：熔化后的塑封材料流向模具模腔。

D：最小的黏度。

F：黏胶点。

G：芯片封装和模具分离。

H：封装体达到最终的硬度。

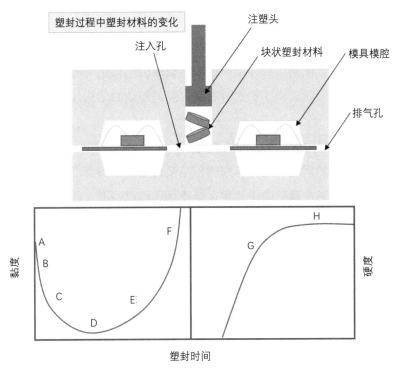

图 6.13　塑封过程中塑封材料的变化

图 6.14 所示为塑封材料在塑封时硬度的三个主要变化过程：固态塑封材料开始预热并被熔化，液态塑封材料被浇注到模腔，塑封体固化。

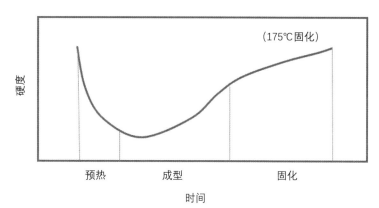

图 6.14 塑封材料硬度的变化过程

表 6.2 所示为塑封材料的常见原材料及主要功能。

表 6.2 塑封材料的常见原材料及主要功能

原材料	成分	主要功能	重量(%)
环氧树脂	邻甲酚型、联苯型、多功能型树脂等	与硬化剂反应后提供交联结构，成型，抗湿热	5~10
硬化剂	酚醛树脂型、低吸水型	与环氧树脂反应后提供交联结构	5~10
填充剂	二氧化硅、氧化铝	提高强度，减小吸水性，减小热膨胀系数，提高传热	60~90
阻燃剂	溴环氧树脂（非环保材料）、磷型、金属氢氧化物（环保材料）	阻燃	<10
脱模剂	天然蜡、合成蜡等	连续成型，产品与模具分离	<1
催化剂	胺化物、磷化物	加速硬化剂和环氧树脂反应	<1
偶联剂	硅氧烷、氨基硅油	增强有机物和无机物的结合	<1

填充剂在塑封材料中用于提高强度，减少吸水性，减小热膨胀系数，提高传热；其缺点是增加这种材料的会增加介电常数，增加重量，易磨损其他材料。常见的填充剂为二氧化硅、氧化铝等。

阻燃剂是为了提高塑封材料的耐燃烧等级。现阶段通常会使用环保型阻燃剂以减少对环境的危害，通常使用磷型、金属氢氧化物阻燃剂等。

脱模剂是为了使塑封材料在加工完成后能够顺利地从模具中脱离。脱模过程如图 6.15 所示。脱模剂的成分是天然蜡、合成蜡。在浇注树脂的过程中，部分蜡层融解。在塑封过程中为了保持良好的脱模性需要配置脱模剂的使用量，经固化后产生蜡层，最后完成脱模。

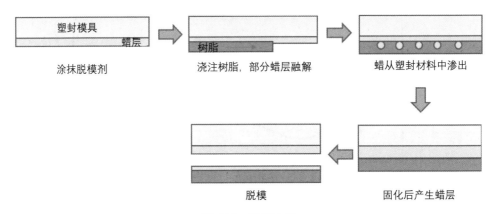

图 6.15　脱模过程

为了使芯片具有更好的塑封效果，这里特别介绍几个塑封工艺的概念。

1. 螺旋线长度实验

如图 6.16 所示，在一定的温度和压力下将被测试的熔体（熔化的塑封材料）注入阿基米德螺旋线模具内（阿基米德螺旋线形状类似于蚊香），用熔体的流动长度来衡量塑封材料的流动性，流动长度越长，熔体的流动性越好。

使用螺旋线长度实验的模具进行注塑，加热模具并维持在恒定的温度，采用固定的塑封压力和塑封速度，称取适量的粉末状塑封材料样品并迅速注入加料室中，使用自动模式注模。

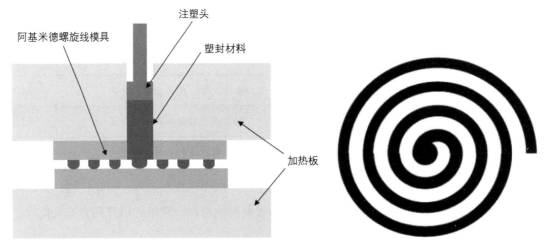

图 6.16　螺旋线长度实验

2. 凝胶时间实验

如图 6.17 所示，将加热板的加热温度设定为 175℃ ±5℃（根据实际的需求进行调整），用砂纸和脱模剂清洁加热板。当温度达到 175℃ ±5℃时，用标准匙挖一匙粉末状的塑封材料样品放在加热板中间，用宽度为 21mm 的刮刀压样品。当样品出现从干到湿的变化时，启动秒表，用宽度为 18mm 的刮刀在 5cm×5cm 的范围内有规律地涂敷样品（每秒 1 次），当样品变成固体时停止秒表，从加热板上刮去样品并记录时间。

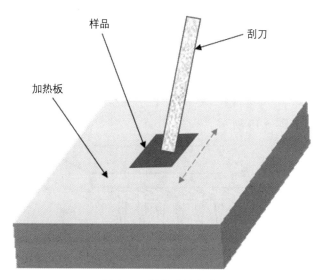

图 6.17 凝胶时间实验

3.热膨胀系数和相转变温度

将制备好的芯片样品放入热膨胀分析仪，设定好测试温度的范围和升温速率，分析仪将记录样品的高度随温度的变化曲线，如图 6.18 所示，通过曲线可以得到热膨胀系数和相转变温度。

热膨胀系数表示样品的温度每变化 1℃时所对应的高度变化率。α1 是到达相转变温度前的线膨胀系数，α2 是到达相转变温度后的线膨胀系数，α1 与 α2 的交点所对应的温度 Tg 称为相转变温度。温度的上升范围是从 25℃ ±10℃上升至 260℃以上或指定的温度。

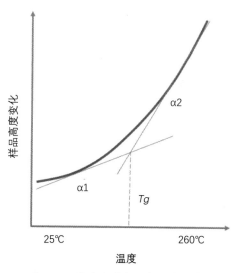

图 6.18 热膨胀系数和相转变温度

6.3 塑封异常及分析

因工艺、材料、设施、工具和操作等诸多因素的不确定性，使得塑封过程中难免会产生异常，以下为主要的异常及原因分析。

1. 不完全填充

不完全填充的示例如图 6.19 所示。

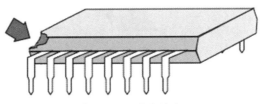

图 6.19　不完全填充

不完全填充的主要原因有以下 4 种。

（1）流动性问题：填充剂重量不足、出气口堵塞。

（2）进料口堵塞：与丙酮不溶物、粗糙的填充粒、树脂溢料等相关。

（3）进料口黏附：潮湿、催化剂、热硬度低。

（4）脱模性差：与蜡、蜡层的溶解作用、Die Wear（芯片磨损）相关。

2. 污点

塑封后塑封材料表面剥离及粗糙面对比度的差异均可导致污点的产生，污点的示例如图 6.20 所示。

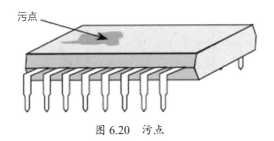

图 6.20　污点

（1）塑封后塑封材料表面剥离。

a. 固化性差：与塑封时的模具温度、固化时间、催化剂、湿度相关。

b. 脱模性差：与蜡层不足、脱模剂、湿度、粗糙面的平整度相关。

（2）粗糙面对比度的差异。

a. 过量的蜡溢出：与塑封时的模具温度、蜡含量、模具表面的平整度、脱模剂过量有关。

b. 不均匀的蜡表面：在脱模时，与不均匀的溢出、不均匀的蜡刮落有关。

3. 黏性异常

（1）塑封材料在排气孔处：与溢料长度、清洁方法、固化性差、脱模性差有关。

（2）塑封材料在模槽流道处：存在固化性差、脱模性差的问题。

4. 芯片裂缝

芯片产生裂缝的主要原因如下。

（1）裸芯在封装的切割研磨阶段被损坏，由切割刀刃的厚度不合适、速度异常等原因导致；与研磨时的平整度有关。

（2）与封装应力大小、翘曲程度、封装的初始设计是否合理、塑封料收缩有关。

（3）脱模压力过大，其中固化性的影响因素有模具温度、固化时间、催化剂；脱模性的影响因素有初始湿度、环境吸收、基本树脂与催化剂的结合效果、脱模剂的使用频率、塑封收缩程度、芯片磨损；封装设计的影响因素有脱模销的线路、引线框架的设计、封装的厚度、芯片的厚度。

5. 气孔

气孔如图 6.21 所示。

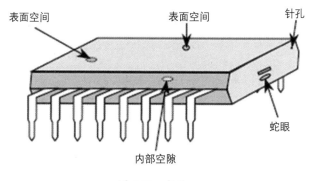

图 6.21　气孔

产生气孔的主要原因如下。

（1）初始气孔的产生，来自捕获的空气、塑封材料黏度过低、外部气体、片剂浓度过高或过低等。

（2）上下模具未压好，影响因素有压力过低、进料口小、进料口有残余物、凝胶的组成、树脂溢料、外来异物、塑封的转换时间、塑封材料流动性和黏度。

（3）排气孔出气不畅，排气孔过窄，树脂溢料堵塞。

（4）前道引线焊接工序产生的气孔，塑封材料初始流动过慢、模具倾斜导致塑封材料流动不平衡。

6. 引线相互触碰

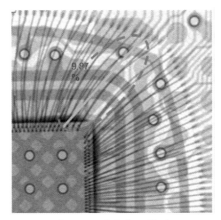

图 6.22　引线相互触碰

导致引线相互触碰的影响因素主要有以下 3 个方面。

（1）引线键合的影响，包括引线的直径、引线的材料、线弧的高度和形状、引线键合阶段芯片装卸过程所带来的影响。

（2）塑封的影响，包括填充过程中的移动速度和移动压力，填充结束时的移动压力，填充过程中的气孔影响（如有气体、潮湿）。

（3）塑封材料的影响，包括凝胶时间、初始黏度、上下层寿命、注塑管寿命（Pot Life）。

要避免引线相互触碰，可以采取的相关解决对策如下。

（1）调整注模时间、注模速度、模温。

（2）延长凝胶时间：降低催化剂含量和模温。

（3）降低塑封材料黏度：降低催化剂含量，降低树脂分子量，提高模温。

第 7 章

电镀

塑封完成后的芯片还是固定在引线框架上，此时芯片的引脚已经被连接到框架的引脚，但是框架的引脚还没有经过任何处理，不可以直接用于后续的电路板焊接等应用，框架的引脚需要电镀后才方便使用。电镀简单来说是把一种金属通过一定的方法包封到另一种金属表面的过程。

电镀按材料划分有无铅电镀（Pb-Free）和铅锡合金（Tin-Lead）2 种类型。

（1）无铅电镀：采用的是纯度 >99.95% 的高纯度锡，是目前普遍采用的技术，符合RoHS（Restriction of Hazardous Substances，有害物质限制）的要求。

（2）铅锡合金：锡占 85%，铅占 15%，由于不符合 RoSH 的要求，目前基本被淘汰。

电镀的目的有以下 4 个。

（1）提高基体金属的焊接性能。

（2）降低基体金属的焊接温度。

（3）保护基体金属不受外界的污染腐蚀。

（4）起装饰作用。

电镀的种类有以下 3 种。

（1）单金属电镀：镀锡、铅、镍、锌、金、银、铜等。

（2）合金电镀：镀锡铅、锡银铜、锡铋、镍钯金等。

（3）复合电镀：通过金属电沉积的方法，将一种或数种不溶性的固体颗粒均匀地夹杂到金属镀层中形成特殊镀层，如银基复电镀、金刚石镶嵌复合电镀等。

电镀的原理如图 7.1 所示，在阴阳极会产生主副反应。

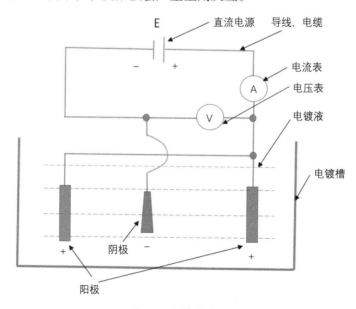

图 7.1　电镀的原理

在阳极的反应：$M - 2e = M^{2+}$（主反应）， $2H_2O - 4e = O_2\uparrow + 4H^+$（副反应）。

在阴极的反应：$M^{2+} + 2e = M$（主反应）， $2H^+ + 2e = H_2\uparrow$（副反应）。

在电镀过程中，阴阳极的四个反应同时发生，阴极表面的金属离子不断得到电子还原成金属，即电镀层。图 7.2 所示为引线框架电镀前后的对比。

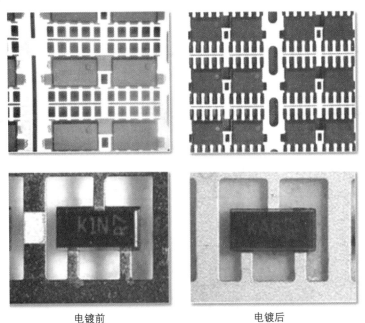

电镀前 　　　　　　　　 电镀后

图 7.2　引线框架电镀前后对比

这里以锡铅电镀为例说明电镀的原理，如图 7.3 所示，将预镀件（指的是引线框架）放入含有锡和铅金属离子的电解溶液中，把预镀件作为阴极，通电后锡和铅金属离子在阴极表面得到电子还原成金属原子，使预镀件的表面形成可焊性 Sn-Pb（锡铅）合金镀层。

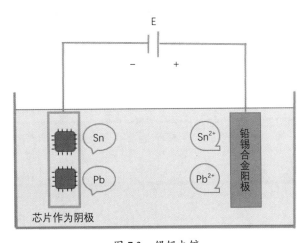

图 7.3　锡铅电镀

阴极的反应：$Sn^{2+} + 2e = Sn$，$Pb^{2+} + 2e = Pb$。

阳极的反应：$Sn - 2e = Sn^{2+}$，$Pb - 2e = Pb^{2+}$。

实现电镀的设备必须具有以下 5 个硬件部分。

（1）直流电源。

（2）镀槽。

（3）含电镀金属离子的药水。

（4）阳极（要电镀的金属）和阴极（待加工的工件，如引线框架）。

（5）导电块、电缆、钢带等。

大批量的电镀生产作业会采用自动化的电镀设备完成。如图 7.4 所示，自动化电镀设备的总长度约 60 米，将上述 5 个硬件部分集合在一起形成了一长条作业线。该设备上料和下料的方式都是手动，上料和下料在设备的同一侧。

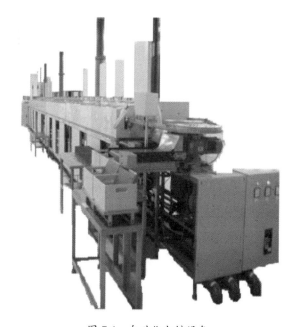

图 7.4　自动化电镀设备

 7.1 电镀工艺

引线框架引脚的主要电镀材料是锡。图 7.5 所示的是电镀工艺流程。

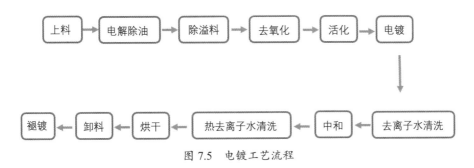

图 7.5 电镀工艺流程

（1）上料：如图 7.6 所示，手动排好引线框架后由传感器和气缸共同将引线框架传递到电镀机的钢带上。

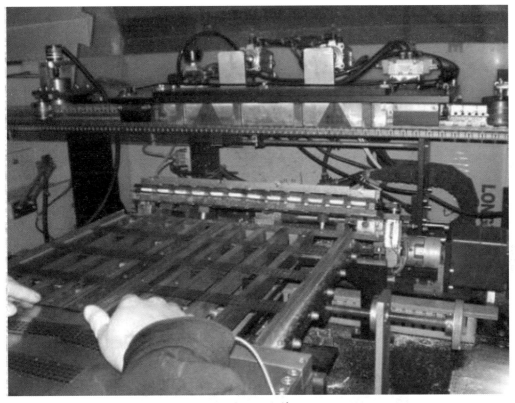

图 7.6 上料

（2）电解除油：如图 7.7 所示，洗掉引线框架上的油污和松动的溢边。除油的溶液为碱性，pH 值为 9~13，温度为 40~60℃，电压为 3~6V。

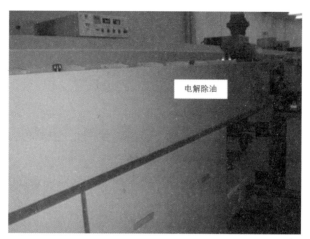

图 7.7   电解除油

（3）除溢料：如图 7.8 所示，去除芯片引脚四周的溢料，若溢料除不尽，容易造成掩镀或露铜，从而影响芯片的可焊性。除溢料的压力为 $200\sim600kg/cm^2$。

除溢料前   除溢料后

图 7.8   除溢料

（4）去氧化：如图 7.9 所示，前道工艺的异常会导致引线框架氧化。去氧化的溶液为酸性，pH 值为 2~5，在室温条件下去除氧化物。如果去氧化不当容易造成掩镀或露铜，从而影响芯片的可焊性。

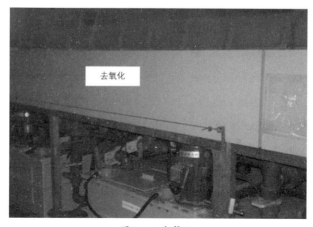

图 7.9   去氧化

去氧化前　　　　　　　　　　　　去氧化后

图 7.9　去氧化（续）

（5）活化：如图 7.10 所示，活化使引线框架表面的晶格处于新鲜状态以便于结晶。使用甲基黄酸溶液，浓度为 150~250 g/L，在常温条件下活化。

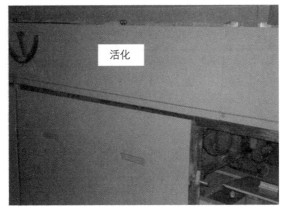

活化

图 7.10　活化

（6）电镀：如图 7.11 所示，使金属离子在引线框架引脚上结晶形成金属镀层。电镀使用的溶液有甲基黄酸（浓度为 150~300 g/L）和甲基黄酸锡（浓度为 30~60 g/L）。添加剂可以加快阴极极化速度，增加药水的电阻效应。络合剂也可以加快阴极极化速度，增加药水的导电能力。湿润剂使工件表面和镀液亲润。电镀的温度为 8~30 ℃，电流为 60~300A。

电镀

图 7.11　电镀

 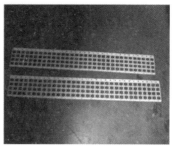

电镀前　　　　　　　　　　　电镀后

图 7.11　电镀（续）

（7）去离子水清洗：如图 7.12 所示，使用去离子水（DI 水）清洗。

图 7.12　去离子水清洗

（8）中和：如图 7.13 所示，中和可以去除引线框架镀层上的残留酸和表面的添加剂、有机膜，并起到抛光的作用。中和的溶液为碱性，pH 值为 8~13，温度为 55~65℃。

图 7.13　中和

（9）热去离子水清洗：如图 7.14 所示，使用热去离子水清洗引线框架可以洗净引线框架镀层上的碱，使镀层变得干净。热去离子水的温度为 55~65℃。

图 7.14　热去离子水清洗

（10）烘干：如图 7.15 所示，加热引线框架使镀层变得干燥，加热的温度为 80~165℃。

图 7.15　烘干

（11）卸料：如图 7.16 所示，由传感器和气缸共同将引线框架卸载到托盘内。

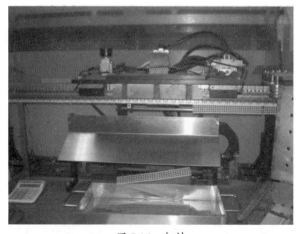

图 7.16　卸料

（12）褪镀：如图 7.17 所示，使用酸性溶液褪掉钢带上的镀层，溶液的 pH 值为 2~6，褪镀的温度为 25~40℃。

褪镀前　　　　　　　　　　　　褪镀后

图 7.17　褪镀

 电镀的质量检测

　　电镀之后需要检测电镀的质量及电镀工艺的优劣，确认是否达到规范要求，筛除电镀后的不良品。

　　电镀的质量检测包括以下几个方面。

　　（1）厚度：规定的厚度为 $7.5 \sim 15.5 \mu m$，CPK$\geqslant 1.67$。

　　（2）无铅镀层的铅含量：铅含量$\leqslant 100$ ppm，检测频率为每半年外送检测 1 次。

　　（3）离子玷污检测：一般要求离子玷污$\leqslant 2.0 \mu g/Sq.in$。

　　（4）锡须检测：锡须如图 7.18 所示，一般要求三年锡须长度$\leqslant 50 \mu m$，检测频率为每月 1 次。

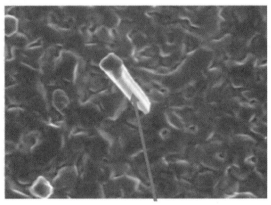

锡须

图 7.18　锡须

（5）可焊性：使用蒸气老化实验检测可焊性，温度为 80~95℃，时间为 8h。焊锡的温度为 260℃ ±5℃，时间为 3~10s。

（6）脱皮试验：使用烘烤的方式检测脱皮，温度为 170℃ ±5℃，时间为 2h。

如图 7.19 所示，电镀的过程中主要会出现以下不良现象：本体喷毛、气孔、本体粗糙、溢胶、弯脚、框架不平、玷污、镀层粗糙、毛刺、针孔、露铜、镀层脱落。电镀中出现不良现象的芯片将会被筛除。

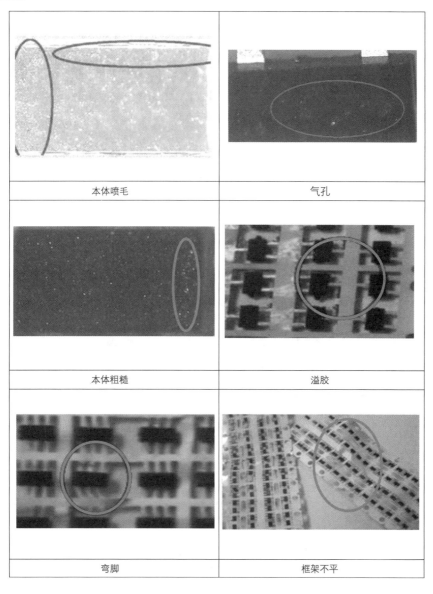

本体喷毛	气孔
本体粗糙	溢胶
弯脚	框架不平

图 7.19 电镀的不良现象

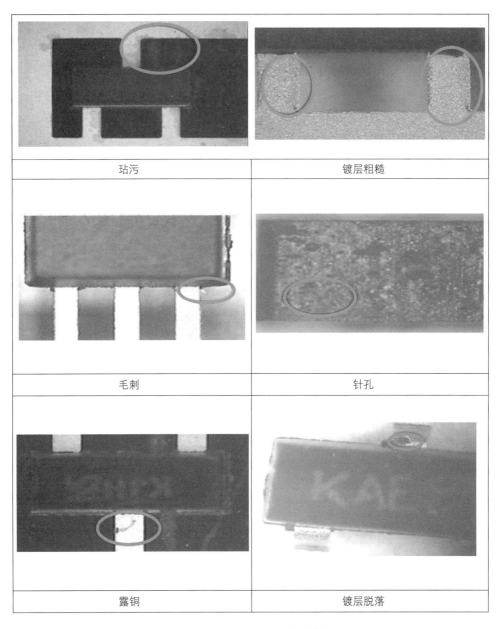

图 7.19　电镀的不良现象（续）

第 8 章

切筋成型

　　塑封完成之后需要将引线框架上多余的残胶用刀具去除，而后电镀，经过电镀后芯片的外引脚增加了导电性和抗氧化性，电镀完成后还需要进行切筋成型，最后将成型的芯片装入容器内，便于包装运送。切筋的目的是将整条引线框架上已封装好的芯片单独分开。切筋的同时要切除不需要的连接材料、部分凸出的树脂，以及引线框架的外引脚之间的堤坝和引线框架带相连的部分。切筋、弯脚属于两道工序，通常是同时作业，在一台机器上完成。但有时也会分开完成，因为有些工序是先切筋，然后镀焊锡，再进行弯脚，这样做可以减少没有镀上焊锡的截面积。

　　如图 8.1 所示，实际的切筋成型流程包括来料外观检查、排片、抓片、切筋成型、芯片分离完成。

来料外观检查　　　　　　　　　　排片　　　　　　　　　　　　抓片

切筋成型　　　　　　　　　　　　　　芯片分离完成

图 8.1　切筋成型流程

8.1 切筋成型

切筋成型包括如图 8.2 所示的四个步骤——去胶、去纬切筋、去框和弯脚成型。

图 8.2　切筋成型的步骤

胶指的是塑封后残留在引线框架上的环氧树脂；纬指的是外引脚之间互相连接的金属连接杆，也叫筋。去胶是利用机械模具将外引脚之间多余的胶去除，如图 8.3 所示，即利用冲压的刀具去除介于封装胶体和外引脚相连接处之间多余的胶。

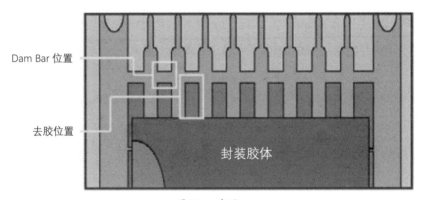

图 8.3　去胶

去纬切筋是指利用模具将外引脚之间的金属连接杆切除。如图 8.4 所示，纬在未塑封之前是用于连接固定引线框架和连接外引脚的，塑封完成后则不再需要。去胶去纬对比如图 8.5 所示。

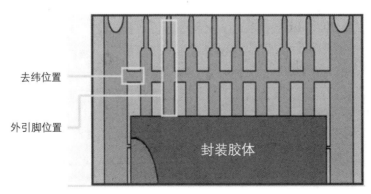

图 8.4　去纬切筋

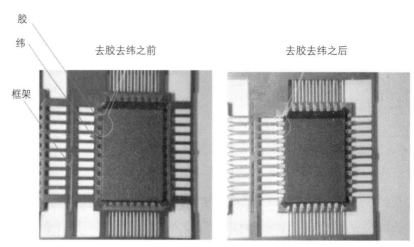

胶

纬

框架

去胶去纬之前　　　　　去胶去纬之后

图 8.5　去胶去纬对比

去框是将已完成封装 Mark（盖印标记）制程的引线框架以冲模的方式将连接体（Tie Bar）部位切除，使封装胶体和引线框架分开，如图 8.6 所示。

引线框架

封装胶体　　　　　　连接体

图 8.6　去框

弯脚成型（Form）是将外引脚压制成预先设计的封装样式，便于后续安装到电路板上使用。弯脚成型后的芯片被包装放入塑料管、载带或承载盘中。

如图 8.7 所示，使用模具对已去框的封装胶体外引脚连续冲模，使芯片的外引脚弯曲成所要求的形状。

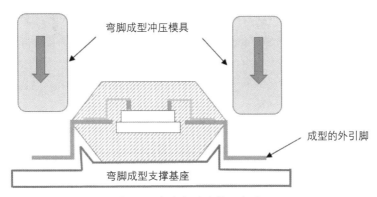

图 8.7　弯脚成型动作示意图

常见的弯脚成型加工方法有以下 4 种。

（1）直冲法：如图 8.8 所示，使用冲压头垂直向下冲压外引脚。

（2）斜冲法：如图 8.9 所示，使用冲压头斜向下冲压外引脚。

（3）垂直滚压法：如图 8.10 所示，使用压辊垂直向下滚压外引脚。

（4）平行滚压法：如图 8.11 所示，使用压辊以平行方向滚压外引脚。

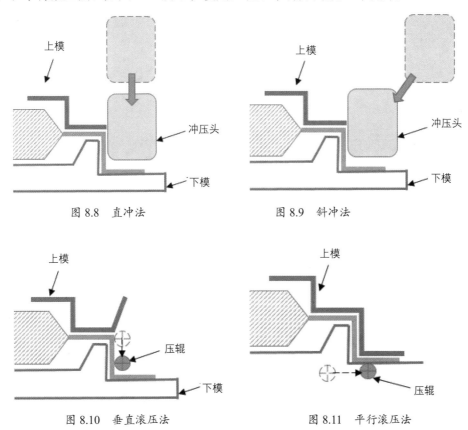

图 8.8　直冲法　　　　　　　图 8.9　斜冲法

图 8.10　垂直滚压法　　　　　图 8.11　平行滚压法

图 8.12 所示为切筋成型的过程。对于弯脚工艺，最容易出现的问题是引脚变形。对于通

孔插装（Plating through Hole，PTH）需求而言，由于引脚数目比较少，引脚比较粗大，基本上没有问题。而对于表面贴装（Surface luout Technology，SMT）需求而言，尤其是高引脚数目的引线框架和微细间距的芯片，一个突出的问题就是引脚不共面。

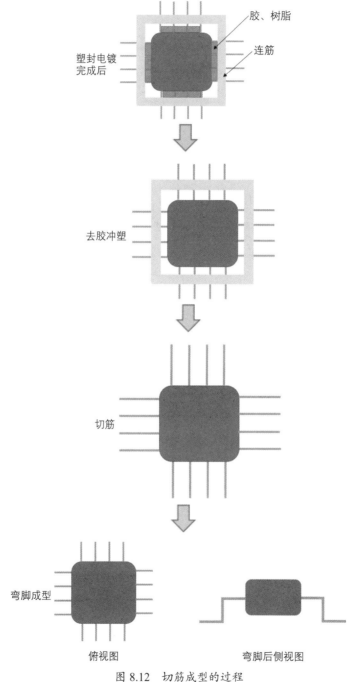

图 8.12　切筋成型的过程

造成引脚不共面的原因主要有两个，一个原因是在工艺过程中的人为不恰当处理，但随着生产自动化程度的提高，人为因素大大减少，使得这方面的问题几乎不存在；另一个原因是成型过程中产生的热收缩应力。在成型后的降温过程中，由塑封材料继续固化收缩、塑封材料和引线框架材料之间的热膨胀系数（Coefficient of Thermal Expansion，CTE）不匹配而引起的塑封材料收缩程度大于引线框架材料收缩程度，可能造成引线框架带的翘曲，引起引脚不共面问题。因此，面对芯片的封装越来越薄、框架引脚越来越细的发展趋势，需要对引线框架带进行设计，包括材料的选择、引线框架带的长度及形状等，以克服引脚不共面问题。

不同的产品根据封装类型的不同，需要使用不同的切筋成型设备，每种产品在生产前按要求设定相应的机器作业参数，实现自动流水化生产。图 8.13 所示是不同产品的生产设备及切筋成型的样式。

TO 封装、PTH 系列

QDN 封装、SMT 系列

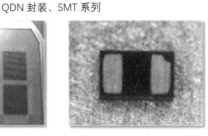

切筋成型前　　　　　　切筋成型后

图 8.13　不同产品的生产设备及切筋成型的样式

 8.2 封装形式及要求

弯脚成型按照封装形式的需要有着不同的样式，图 8.14 所示是部分常见的封装形式，有通孔式、表面贴装式及球形引脚封装等。

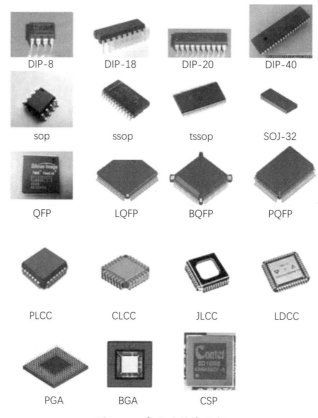

图 8.14　常见的封装形式

芯片的外引脚根据封装设计和实际应用呈现出不同的样式，图 8.15 所示是三种弯脚成型的样式。

海鸥型　　　　　　　　　通孔插入型　　　　　　　　J 型或勾型

图 8.15　弯脚成型的不同样式

封装的外形应符合 JEDEC（固态技术协会）或 EIAJ（日本电子机械工业协会）的规格标准。封装外形的重要参数如下。

（1）引脚公共公差。

（2）引脚位置，可进一步分为引脚歪斜和引脚偏移。

（3）引脚分散程度。

（4）站立高度。

如图 8.16 所示，引脚不共面指的是最低落脚平面到最高落脚平面之间的垂直距离过大，一般通过轮廓投射仪或光学引脚扫描仪进行测量。通常基于外加工的要求最大共面公差不得超过 0.05mm。

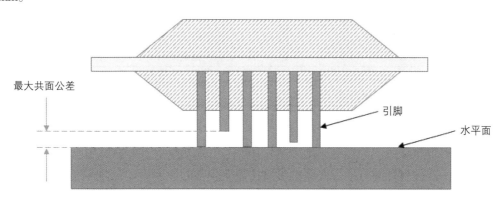

图 8.16　引脚不共面

造成引脚不共面的主要问题是挡条整形与封装的翘曲。挡条整形的设计会影响引脚共面性，如果剪切的毛刺过多，或交替剪切挡条，挡条区域的引脚宽度可能会不同。剪切产生的毛刺也会是交替的形式，造成截面上引脚的位置变化及弯脚成型后得到的弹回角度不同。

对于四边扁平型的封装，引脚共面性与封装的翘曲之间相互影响。对于 TSOP（Thin Small Outline Package，薄型小尺寸封装），翘曲对芯片站立时的高度和总的封装高度的影响相对更大。

引脚歪斜是指弯脚成型后的引脚相对于理想位置偏移。测量时以封装的垂直中心线为基准，通常使用轮廓投射仪或光学引脚扫描仪进行测量。引脚歪斜距离一般要小于 0.038mm，具体要求取决于不同的封装类型。图 8.17 所示为典型的引脚歪斜结构。引脚歪斜的原因与许多因素相关，包括弯脚成型、挡条的剪切、引脚本身的结构等。

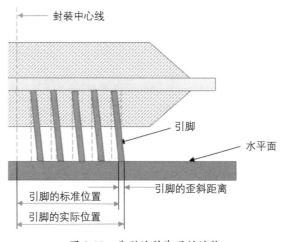

图 8.17　典型的引脚歪斜结构

引脚的歪斜类型及原因如表 8.1 所示。

表 8.1　引脚的歪斜类型及原因

引脚歪斜的类型	引脚歪斜的原因
所有的引脚偏向同一个方向	引线框架的外引脚结构不合理
引脚成对地偏移	挡条的设计不合理、挡条交替剪切引起偏移
引脚散开	引线框架的材料强度和弯脚成型的方法错误
引脚在同一方向偏移、偏移量增加	弯脚成型的方法错误
引脚位置偏移没有规律	多种可能的因素相互结合

影响引脚歪斜的一个主要因素是挡条整形的方法，不当的挡条整形方法会引起引脚歪斜。对于引脚间距较密的产品，挡条可以采用交替整形（即先整形所有的偶数引脚，再整形所有的奇数引脚）或一次性整形的方式。交替整形结构需要较强的冲模设计，但可能在弯脚成型的工艺过程中引起严重的引脚歪斜问题。

不同种类的芯片弯脚成型方式基本可以分为固体冲压成型和滚轮成型两种。滚轮成型已经发展到可以处理不同的封装类型并满足不同的工艺要求。

不论哪一种弯脚成型方法都有其优点和缺点，为不同类型的产品选择特定的弯脚成型方法主要取决于封装和工艺要求。例如，对于薄型小尺寸封装芯片的弯脚成型，首选凸轮和摆动凸轮固体成型方法。凸轮固体成型方法也有其缺点，会导致引脚上焊锡累积和擦伤，但是具有工具设计简单和成本低的优点。摆动凸轮固体成型方法在防止焊锡积累方面有较好的表现，但是工具的成本比较高。

不同方式的弯脚成型评估结果显示，滚轮成型在引脚上产生的应力比固体冲压成型小得多。而由固体冲压成型引起的较高应力会造成引脚的歪斜或移动。

第 9 章

先进封装

随着芯片性能的提升和引脚数目的增多，要求金属互连的线路更短，尺寸更小，并且需要在单位面积和空间上集成更多的芯片单元，封装的密度越来越高，重量越来越轻。对于这些需求和技术发展，普通的引线键合工艺已经不能满足要求。因为引线键合工艺的金属引线的长度相对先进封装来说较长，塑封体的尺寸相对比较大，相应的重量也会比较大，单位空间和面积内集成的芯片数量较少。可以满足上述新的要求的封装也因此产生，晶圆级封装、系统级封装、多芯片堆叠封装、微机电系统封装可以满足新的发展需求。

先进封装是一个相对的概念，它相对于普通的引线键合来说是领先的，但是现在的先进封装技术在若干年后可能又变成了不先进的封装。由于摩尔定律已经发展到了瓶颈阶段，更加微细的芯片制造工艺也遇到了很多的技术难题，如工艺、设备、设计等方面。从另外一个角度来说，先进封装可以提升芯片的性能，协助解决芯片制造工艺不能无限进步的难点，是不错的发展方向。

先进封装是当前封装行业的主要热点，受到半导体行业的重视，以往的封装生产基本集中于封装厂内制作完成，现在上游的晶圆制造厂也加入了先进封装的行列。尤其是对于需要在芯片上再次加工制作的，如晶圆的硅穿孔等也在一定程度上束缚了封装厂。当然这是一个全产业链共同研究的问题，芯片设计公司也在共同研究如何在一个封装体内封装更多的芯片单元，以提高产品的性能。

先进封装指的是采用先进的设计思路和先进的集成电路制造工艺对芯片进行封装级的再次构造，有效提高芯片的系统功能和封装的密度。当前主要的先进封装技术有 Flip Chip（倒装焊，也叫覆晶封装）、WLP（Wafer Level Package，晶圆级封装）、2.5D 封装、3D 封装。

综合来看，先进封装主要有以下 4 个要素。

（1）凸块：在先进封装技术中基本都会使用。

（2）RDL（Redistribution Layer，重布线层）：主要应用在 2.5D 封装和晶圆级封装中。

（3）晶圆：是芯片的载体，芯片的制造都是在晶圆上完成。

（4）TSV（Through Silicon Via，硅穿孔或硅通孔）：主要应用于 2.5D 封装和 3D 封装。

凸块是指金属凸点、焊球，如图 9.1 所示，形状除了常见的球状还有柱状或块状等。

凸块从引线键合发展而来，其作用是实现不同界面之间的电气互连和应力的缓冲。凸块的间隙尺寸从标准覆晶封装的 $200\mu m$ 到现在的 $10\mu m$ 不等，不同形状的凸块有着不同的间隙尺寸。

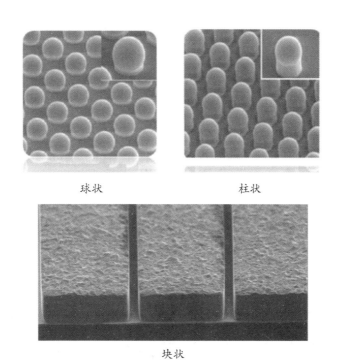

球状 柱状

块状

图 9.1　不同形状的凸块

　　现在的混合键合技术采用无凸点的键合技术，如图 9.2 所示，电介质表面没有凸点，看上去很光滑，实际表面还是会有略微的凹陷。制作过程是先在室温下将两个芯片附着在一起，然后升温进行退火处理，此时铜会膨胀使两个铜接触面键合在一起，形成牢固可靠的电气连接。

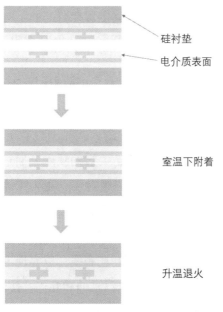

硅衬垫

电介质表面

室温下附着

升温退火

图 9.2　混合键合技术

RDL 技术类似于印刷电路板的电气互连技术，使用预先设计好的电子线路作为电气连接的媒介。在芯片设计和制造时一般会使焊垫分布在芯片的周边位置，这样对于传统的引线键合封装比较方便，但是对于倒装覆晶封装又不太合适。为了适用于倒装覆晶封装，会在晶圆表面沉积制作金属层和相应的介质层以形成金属布线，对芯片的输入 / 输出端口进行新的布局排列从而形成一个更宽松合适的阵列。

图 9.3 所示为重布线层的实际分布样式，它把类似于印刷电路板上的线路分布技术运用到了晶圆上。黑点是凸块，连接线是重布线层。

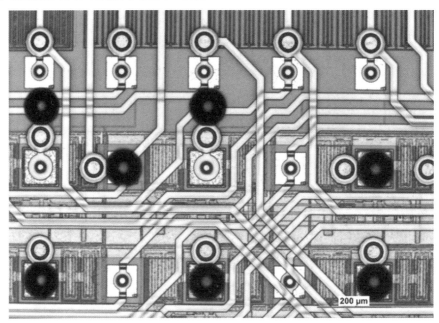

图 9.3　重布线层的实际分布样式

此工艺通常不使用基板，布线依附在晶圆芯片上或附加在塑封胶上。这种类型的封装因为没有使用基板，封装后的厚度比较薄，在手机芯片领域得到广泛应用。在晶圆级封装技术中，无论是 FIWLP（Fan-In Wafer Level Package，扇入式晶圆封装）还是 FOWLP（Fan-Out Wafer Level Package，扇出式晶圆封装），RDL 都是关键的技术，通过 RDL 使得输入 / 输出焊垫可以进行扇入或扇出，从而形成不同类型的晶圆级封装。在 2.5D 封装技术中，除了硅基板的穿孔技术，RDL 同样不可或缺，它将电气互连的网络分布到不同的区域，实现基板上下凸块之间的相互连接。在 3D 封装技术中，通常依靠硅穿孔技术实现上下芯片的互连，当上下堆叠不同类型的芯片封装时需要利用 RDL 进行重新互连布线，以实现上下芯片的电气互连。

硅穿孔要实现 Z 轴方向即上下层之间的电气延伸和互连，使用硅穿孔技术可以缩短电气连线距离，减少信号的延迟现象，让金属引线的长度缩短以减小寄生效应，使芯片可以在更高的频率下运行，提升产品的性能。尤其是对于 3D 封装的芯片，诸如存储器芯片的上下堆叠是一种很好的解决方案。

2.5D 封装的硅穿孔位于 Interposer（硅转接板，硅中介层）上，即硅穿孔是在硅中介层上制作完成的。如图 9.4 所示为 2.5D/3D 硅穿孔结构示意图。

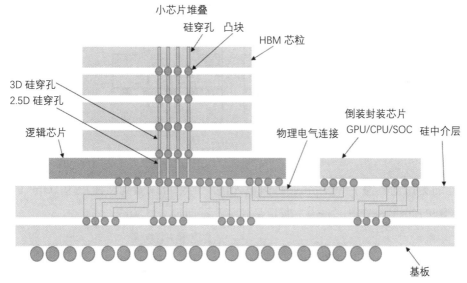

图 9.4　2.5D/3D 硅穿孔结构示意图

如图 9.5 所示，3D 硅穿孔是贯穿上下芯片的穿孔，当上下芯片的硅穿孔无法对齐时还需要使用 RDL 技术再进行局部的互连。

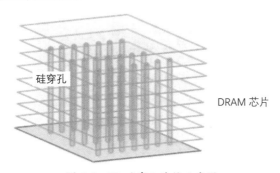

图 9.5　3D 硅穿孔连接示意图

硅穿孔根据制作工序的前后阶段不同，其命名也不同，在晶圆制造阶段称为 Via-first（初级穿孔），在封装阶段称为 Via-last（最后穿孔），如图 9.6 所示。Via-first 主要用于 Core-to-core（芯片单元到芯片单元）的连接，在微处理器和高端芯片中应用比较多。一般在 CMOS（Complementary Metal Oxide Semiconductor，互补金属氧化物半导体）制造完成后进行硅穿孔的制作，接下来完成芯片的制作工序。Via-last 当前主要应用于产品结构相对比较规则的存储芯片上，如闪存和 DRAM（动态随机存储器），制作时先在芯片的周边制作硅穿孔，再实现上下芯片或晶圆的相互堆叠连接。

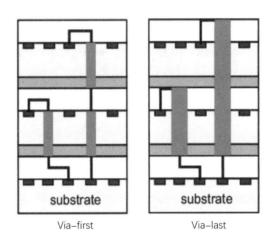

图 9.6 Via-first 和 Via-last 示意图

硅穿孔的穿孔直径为 1~100μm，目前最先进的工艺可以做到在面积为 1mm² 的硅片上制作 10 万至 100 万个的硅穿孔。图 9.7 所示是硅穿孔剖面尺寸结构图。

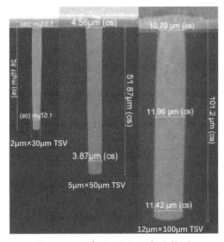

图 9.7 硅穿孔剖面尺寸结构图

 倒装焊

倒装焊（Flip Chip，FC）是 20 世纪 60 年代由 IBM（国际商用机器公司）开发出来的。倒装焊技术经过多年的发展，已经比较成熟，目前主要应用于 Wi-Fi（Wireless Fidelity，无线保真）、SIP（System in a Package，系统级封装）、MCM（Multi-Chip Module，多芯片组件）、CIS（CMOS Image Sensor，CMOS 图像传感器）、微处理器等产品的封装。倒装焊也称为

覆晶封装，其关键的工序是凸块技术，通过在晶圆上制作外延材料实现 UBM（Under Bump Metallization，凸块下金属），用于连接芯片电路，UBM 属于中间导电层，基板经 UBM 的过度转接连接芯片电路。凸块被淀积在触点上，Solder Ball（焊锡球）是最常见的凸块键合材料，但是凸块在加工时容易出现变形扩散。铜柱结构则会比较好地保持其原始形状，被应用于引脚更加密集的封装。

倒装焊工序是在芯片的 I/O 焊接端口进行沉积或通过 RDL 技术布置凸块，再将芯片翻转进行回流处理，使熔融的焊料与基板或框架相结合，此时的电气面朝下，与传统的引线键合刚好相反。焊料与基板或框架相结合之后在芯片的底部填充不导电的胶材质并使其固化。倒装焊封装结构如图 9.8 所示。

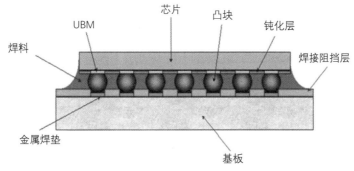

图 9.8　倒装焊封装结构

图 9.9 所示是倒装焊的基本工序，包括涂抹助焊剂（Flux）、芯片对位放置、凸块回流焊接、清理助焊剂、芯片底部填充、加热固化。

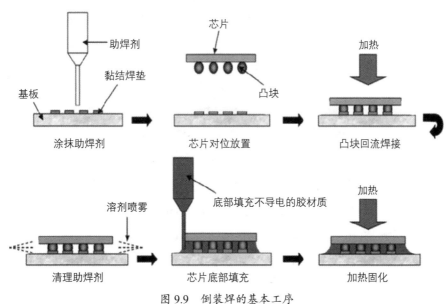

图 9.9　倒装焊的基本工序

图 9.10 所示是凸块的基本结构，凸块的最底层是晶圆，晶圆上一层是金属焊垫（芯片的电气接触端子），金属焊垫上一层是钝化层（起到层与层之间的电气隔离、阻挡外来离子、保护芯片的作用），钝化层上一层是 UBM，最上面是凸块。

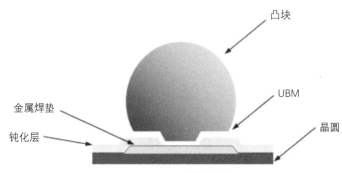

图 9.10 凸块基本结构

UBM 工序是制作凸块的第一步，如图 9.11 所示。UBM 包括三层，第一层是 Adhesion Layer（黏附层），由钛、铬、钨组合而成的金属材料与金属焊垫层结合而成，厚度为 $0.15 \sim 2\mu m$，具有良好的黏结性。第二层是 Wetting Layer（润湿层），组成材料是镍、铜、钼、铂金属，在高温回流时凸块黏附成为球体，厚度为 $1 \sim 5\mu m$。第三层是 Protective Layer（保护层），采用金、保护镍、铜等金属以防止氧化，厚度为 $0.05 \sim 0.1\mu m$。

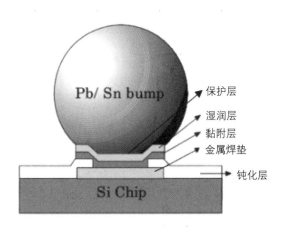

图 9.11 UBM 层次示意图

当前常见的沉积工艺有溅射、蒸镀、化学镀。溅射即在硅片上一层一层地沉积薄膜，通过照相平板技术形成 UBM 图形样式，再刻蚀掉不属于图形的部分。蒸镀使用掩膜在硅片上一层一层地沉积。化学镀是在金属铝焊垫上选择性地镀镍，此工艺常使用锌酸盐进行金属铝表面处理，不需要真空及图形蚀刻设备，成本低。图 9.12 所示是 UBM 和凸块的基本制作过程。

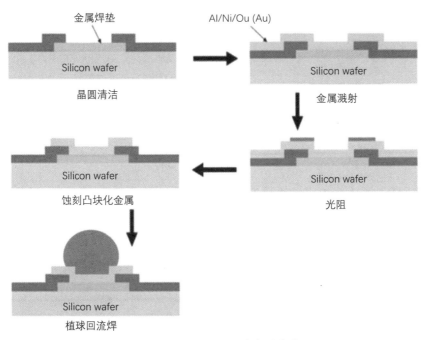

图 9.12　UBM 和凸块的基本制作过程

当 UBM 制作完成后需要在 UBM 的上部制作一定厚度的球状、柱状或块状的凸块，作为芯片接触互连的引脚。凸块制作工序是先进封装的核心技术之一，通过高精密曝光、离子处理，再利用电镀设备和相关的材料进行制作，使用定制的掩模版在晶圆上实现 RDL。凸块的主要构成材料是铅锡合金，铅锡合金在回流焊时具有自中心的作用和焊料下落的作用，自中心可以减少芯片贴放的精密度要求，焊料下落可以减少焊接时引脚共面差的问题。凸块的制作方法有蒸镀焊料凸块、电镀凸块、焊锡膏印刷凸块、钉头焊料凸块。

蒸镀焊料凸块的基本步骤如下。

（1）溅射清洗，在沉积金属前去除氧化物或照相掩膜，同时使钝化层和金属焊垫的表面变得粗糙以提高 UBM 制作的结合力。

（2）金属掩膜，用带图形的钼金属掩膜覆盖硅片，以利于 UBM 和凸块的沉积。金属掩膜组件由背板、弹簧、金属模板和夹子等部件构成。制作时硅片被夹在背板和金属模板之间，通过手动对位，对位公差控制在 $25\mu m$ 以内。

（3）UBM 蒸镀，按照金属层次的顺序蒸镀铬层、铬铜层、铜层和金层。

（4）焊料蒸镀，在 UBM 表面蒸镀一层铅锡合金，厚度为 $100\sim125\mu m$，形成圆锥台的形状。

（5）回流加热使凸块成型。

图 9.13 所示是电镀凸块的工艺流程，电镀凸块工艺当前比较流行，其设备成本低，占地空间小，可以使用多种电镀工艺。传统的电镀凸块工艺采用蒸镀使用的铬 / 铬铜 / 铜结构的

UBM 和高铅合金。

图 9.13　电镀凸块工艺流程

　　焊锡膏印刷凸块技术当前可以达到 250μm 的凸块间距。如图 9.14 所示，其步骤有铺设（沉积）UBM、设置光阻和图形、蚀刻 UBM、涂布焊锡膏、回流焊凸块成型。

图 9.14　焊锡膏印刷凸块工艺流程

　　钉头焊料凸块使用引线键合的方式键合形成凸块，如图 9.15 所示。其过程与打线封装方式基本一致，区别是钉头焊料凸块键合时，焊球在焊盘上形成之后马上采取截断引线的方式使引线和焊球断开，这种方式需要制作 UBM 时与所使用的引线相互兼容。通过回流焊或整形的方式使凸块形成圆滑的形状并保持一定的高度。凸块形成后与导电胶或焊料配合进行组装互连。

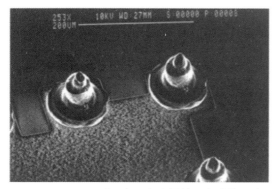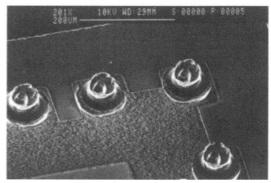

图 9.15　钉头焊料凸块的整形前后（左图为整形前，右图为整形后）

接下来便是重要的倒装芯片连接，倒装芯片连接主要有三种类型，即 C4（Controlled Collapse Chip Connection，可控塌陷芯片连接）、DCA（Direct Chip Attach，直接芯片连接）、FCAA（Flip Chip Adhesive Attachment，胶黏剂倒装芯片连接）。

C4 利用沉积在芯片可润湿端子上的高铅凸块和基板上可润湿端子的焊料匹配足迹，使芯片上的焊料凸块与基板上可润湿端子对齐，实现所有的焊点通过回流焊同时完成。

C4 焊盘尺寸通常为 $100\,\mu m$，凸块高度也为 $100\,\mu m$。先在晶圆表面溅射 $0.1\sim0.2\,\mu m$ 的钛钨，然后溅射 $0.3\sim0.8\,\mu m$ 的铜。为了获得高度为 $100\,\mu m$ 的凸块，还需要 $40\,\mu m$ 的抗蚀剂层。

C4 和电镀凸块的工艺基本一致，如图 9.16 所示。使用焊锡凸块掩膜定义凸块的图形，抗蚀剂层涂敷在钝化层表面起到抵抗蚀刻的作用，抗蚀剂层中的开口比钝化层宽 $7\sim10\,\mu m$，在 UBM 上镀 $5\,\mu m$ 的铜层后再电镀焊料，以晶圆作为阴极，将晶圆放入电镀槽中后施加静态电流或脉冲电流完成电镀。为了使凸块电镀高度达到 $100\,\mu m$，在抗蚀剂层上再镀 $15\,\mu m$ 的焊锡以形成蘑菇状，用过氧化氢或等离子蚀刻钛铜或钨铜，最后使用助焊剂回流形成球状的凸块。

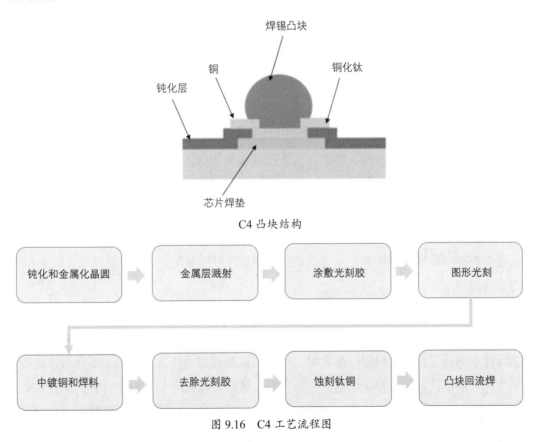

图 9.16　C4 工艺流程图

DCA 也称为 COB（Chip on Board，板上芯片封装），是将裸芯直接贴装到印刷电路板上的技术。它将芯片有焊球引脚的一面对准基板相应的焊点位置，通过芯片上的阵列凸块实现芯片与印刷电路板的互连，最后在芯片和印刷电路板之间填充树脂包裹住芯片。

如图9.17所示，FCOB（Flip Chip on Board，倒装芯片板上封装）同样是芯片直接贴装技术，在BGA（Ball Grid Array，球栅阵列）或FCIP（Filp Chip Integrated Package，倒装芯片综合封装）的封装中被普遍应用。

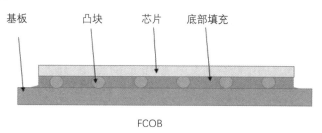

FCOB

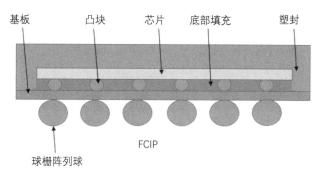

图 9.17　FCOB 和 FCIP 结构示意

FCAA采用胶黏剂替代焊料，将芯片与底部的有源电路连接在一起。胶黏剂可以选用各向同性导电胶和各向异性导电胶。

其中，各向异性导电胶的应用范围较广，制作流程是预先在基板上布置导电胶，然后贴片头使用较大的压力将芯片键合到基板上，最后对芯片进行加热使导电胶固化。

也可以根据实际情况使用非导电连接。选用的基片可以是陶瓷、印刷电路板、柔性电路板，甚至可以是玻璃。

倒装芯片连接时需要注意3个问题，即贴装芯片的精度、吸嘴和压力、助焊剂。

（1）贴装芯片的精度：倒装芯片在焊锡球回流时具有自我对准的能力（自对中性），可以将芯片往中间位置拉。在焊锡球熔化时，焊锡的润湿作用力将芯片拉到与焊盘对正的位置，因此倒装芯片的初始贴装与预想的有较大的误差。按照焊盘尺寸的百分比计算，芯片焊锡球和接合焊盘的中心误差可以达到25%。误差的绝对值大小取决于焊盘和芯片焊锡球的直径，大的焊锡球有较大的误差。

（2）吸嘴和压力：倒装芯片的基材是晶圆的硅材料，表面平整光滑。使用材料为硬质塑料且具有多孔的 ESD 吸嘴是最好的选择。如果使用橡胶吸嘴，随着时间推移，吸嘴会老化，在贴装芯片时吸嘴可能会粘黏芯片，造成贴装的偏移或将芯片带走。关于施加压力，在取料和浸蘸助焊剂的过程中，如果施加较大的压力容易将芯片压坏，小的凸块在较大的压力下会产生变形。尽量使用较小的贴装压力，贴装压力使用重量单位克（g）表示，一般要求将压力控制在 150g 左右，对于超薄芯片需要将压力控制在 35g 左右。

（3）助焊剂：控制浸蘸助焊剂是重要的工艺，目的是使凸块获得设定的厚度并且具有稳定的助焊剂薄膜，要求焊锡球蘸取助焊剂的量一致及精确稳定地控制薄膜厚度，同时还要满足高速蘸取的生产作业需求，如图 9.18 所示。

助焊剂作业单元必须满足以下要求。

① 满足多枚芯片同时蘸取的生产作业需求。

② 简单、易操作、易控制、易清洁。

③ 可以处理多种类型的助焊剂和锡膏，处理的助焊剂黏度范围较宽，薄膜厚度要均匀。

④ 蘸取助焊剂时需要精确控制，因材料不同，工艺参数也会有所不同。工艺参数如往下加速度、向上加速度、压力、停留时间等，必须可以单独控制。

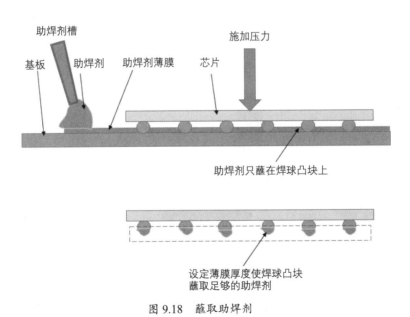

图 9.18　蘸取助焊剂

最后的工序是底部填充和固化。倒装芯片工序采用高精度的坐标对准技术将芯片与基板对位并焊接起来，在这个过程中会发生多种应力相互拉扯的现象，容易造成基板发生翘曲，使焊接出现偏移、冷焊、桥接短路等问题。此时通过在芯片底部填充非导电材料的方式可以解决这一问题，填充非导电材料的关键因素是温度、黏度、填充料流动的长度和时间。

底部填充的非导电材料一般是环氧树脂。在倒装芯片的封装中，产生的热应力来源于芯片和基板的热膨胀系数的差异，芯片是由硅材料制作而成的，其热膨胀系数为 2.5~6ppm/℃，而一般的基板采用的是 FR-4（环氧玻璃纤维板），其热膨胀系数为 18~24ppm/℃。当芯片受热时，芯片和基板的膨胀变形不均匀，产生的内应力使焊点脱落或断裂。当底部填充材料后应力将不集中在焊点而是分散到芯片、填充胶和基板上。填充胶可以将焊点上的应力减小到原来的 0.1~0.25 倍，延长其 10~100 倍的疲劳寿命。填充胶还可以保护焊点，减少外部环境带来的机械冲击。

底部填充分为流动填充和非流动填充两种方式。流动填充运用的是毛细流动原理。图 9.19 所示是传统的流动填充工艺，先在基板上均匀涂抹助焊剂，将已经沉积好焊球的芯片翻转，焊球朝下与基板的焊垫做高精度对位，芯片和基板对齐接触后进行回流焊使焊球焊接到基板上，喷洒清洁溶剂去除多余的助焊剂，利用毛细流动原理在底部填充环氧树脂材料，将芯片底部和基板之间填充完整，加热使填充材料固化，完成倒装封装。

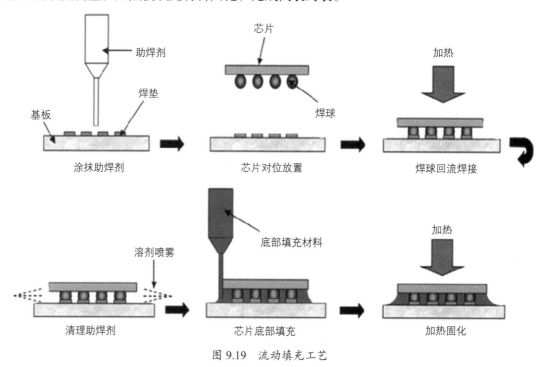

图 9.19 流动填充工艺

非流动填充工艺如图 9.20 所示，先将填充胶涂敷到基板上，再将芯片的焊球和基板焊垫位置精确对位，芯片焊球和基板的焊垫接触后进行加热回流，使芯片焊球与基板的焊垫连接，并且使底部填充胶固化。与流动填充工艺相比，非流动填充工艺少了涂抹助焊剂和清理助焊剂两道工序。非流动填充工艺避免了填充工序中环氧树脂毛细流动慢的问题，将回流焊和填充胶固化结合在一道工序中完成，提高了生产效率。

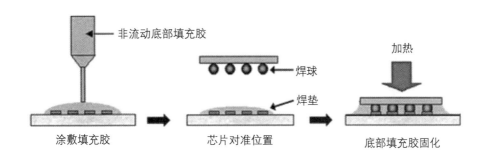

图 9.20　非流动填充工艺

底部填充工艺需要控制如下 3 个关键因素。

（1）填充量，若填充胶填充量不足，热应力会导致芯片开裂异常；若填充胶填充量过多，则填充胶会溢流到芯片底部以外的区域。填充胶填充量取决于对填充空间大小的精确计算及填充工具的精准度。

（2）填充温度，预热及填充后的加热对填充胶的流动性影响很大，不同的填充胶有着不同的性能，需要探索合适的填充胶的温度控制参数。

（3）填充方法，只从一边填充的方式可能会导致填充胶流动距离过长，而从两边填充的方式又可能导致内部产生气孔。

倒装封装的底部填充完成后需要对产品进行检查确认，检查分为非破坏性和破坏性两类。

非破坏性检查有以下 4 种。

（1）使用光学显微镜进行外观检查，检查填充胶在芯片侧面的爬升情况，是否具有良好的边缘圆角，表面是否有脏污等。

（2）使用 X 射线照射检查焊点是否有短路、开路、偏移，润湿情况，焊点内是否有空洞等。

（3）使用导通测试，测试电气通断是否有异常。

（4）使用超声波扫描显微镜检查底部填充完成后是否有空洞、分层，流动是否完整。

破坏性检查主要是对焊点或底部填充胶进行切片后再检查，需要结合红外显微镜、光学显微镜、金相显微镜、电子扫描显微镜或能谱分析仪检查分析。

（1）电子扫描显微镜及能谱分析仪：用于检查焊点的微观结构，如裂纹、微孔、锡结晶、金属间化合物、焊接及润湿情况，检查底部填充是否有空洞、裂纹分层，填充胶的流动是否完整等。

（2）切片分析：将需要分析的芯片切开后，从其剖面观察异常。使用液态的树脂将样品包裹封好后进行研磨抛光制样。具体的流程有取样、固封、研磨、抛光、提供样品的形貌图片和开裂分层的尺寸等数据。通过切片分析可以发现芯片的表面及内部的缺陷，有助于改善制作工艺。

（3）红外显微镜观测：纯硅片吸收 $1.06\mu m$ 以上波长的红外线后是透明的，可以在红外显微镜下透过芯片正面的版图分布和凸块，观察回流焊之后的焊点开路、短路、润湿情况、裂纹，底部填充是否完整和是否有空洞。

9.2　晶圆级封装

晶圆级封装也称作 WLP-CSP（Wafer Level Package-Chip Scale Package，芯片比例封装）。在传统封装中，芯片都要从晶圆上切割之后进行后续的封装工序。晶圆级封装则不需要将芯片从晶圆上切割后封装，而是直接在晶圆上完成封装，封装结束之后再进行切割，将芯片从晶圆上取下。传统的打线封装主要集中在芯片的周边位置，而晶圆级封装则利用 RDL 技术将凸块延展到芯片的整个表面，解决了传统封装技术在线间距发展到 $70\mu m$ 以下后无法完成的问题，实现了凸块的高密度分布和细间距排列。

晶圆级封装和传统封装相比具有以下优点。

（1）封装尺寸小：因为晶圆级封装没有引线键合工序，不需要向芯片以外的空间扩展，所有芯片封装后的尺寸和芯片本身的尺寸一致，即达到芯片比例的封装。

（2）传输速率快：晶圆级封装的金属引线被制作到了焊球和 RDL 引线中，和传统封装相比具有更短的封装线路，使得芯片可以在更高的频率下运行，性能大幅提升。

（3）连接密度高：传统封装一般是在芯片的周边进行打线连接，而晶圆级封装已经延展到芯片的整个表面，通过 RDL 技术布局芯片表面的凸块，提高了单位面积上的连接密度。

（4）生产周期短：与传统封装相比，晶圆级封装少了引线键合等工序，中间环节减少，生产效率提高，生产周期缩短。

（5）工艺成本低：晶圆级封装在晶圆上完成批量的芯片封装，降低了封装的成本。随着芯片的尺寸越来越小而晶圆的尺寸越来越大，单个芯片的封装成本也逐步降低。另外，晶圆级封装可以有效地利用晶圆制造设备。

晶圆级封装早期的应用领域是感应芯片和功率传输芯片，中期发展应用到蓝牙、GPS（全球定位系统）芯片及声卡等，3G 通信时代发展应用到调频发射器和存储器等。当前，晶圆级封装已广泛应用于闪存、动态存储器、静态存储器、液晶驱动器、射频芯片、电源管理芯片及模拟芯片（稳压器、传感器、控制器、运算放大器、功率放大器）等。

晶圆级封装有两大基础技术，一是 RDL，属于薄膜再分布技术，将原先分布在芯片周边的焊垫重新分布排列到芯片的整个表面；二是凸块制作技术，在焊区制作凸块，形成分布好的焊区阵列。

晶圆级封装中的两种实现形式是扇入式晶圆封装和扇出式晶圆封装。

9.2.1　RDL

RDL 是将原先分布在芯片周边的焊垫通过薄膜延展技术，在芯片表面布局新的凸块阵列，采用 BCB（Benzocyclobutene，苯并环丁烯）和 PSPI（Photo-Sensitive Polyimide，光敏性聚酰亚胺）作为重布线的介质层，苯并环丁烯是一种活性树脂，既可以形成热塑性树脂，也可以形成热固性树脂，有着热稳定性良好、易成型加工、低介电常数、低吸水率、低热膨胀系数等优点。使用铜作为再分布线路连接的金属材料，利用溅射法制作 UBM，最后用丝网印刷法淀积并进行回流焊。

非重布线和重布线的对比如图 9.21 所示。非重布线即前面提到的倒装封装结构形式，它先在晶圆上完成芯片钝化层的制作，再完成 UBM 的制作，最后完成焊锡凸块的制作。而重布线技术则多了电解质层和重布线层，重布线层拥有类似 UBM 的导电连接功能。重布线有两层电解质层，第一层电解质层和重布线层用于将信号路径从原来的金属焊垫重新路由到凸块区域；第二层电解质层覆盖重布线层，重布线层被图案化到凸块阵列中。

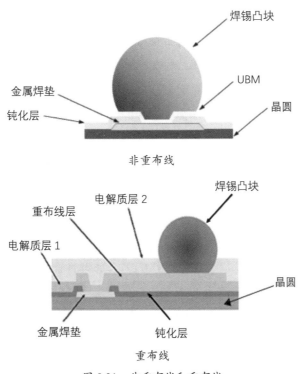

图 9.21　非重布线和重布线

153

图 9.21 所示的重布线属于简图，实际的重布线结构如图 9.22 所示，即最终和焊锡凸块接触的还是 UBM，其他结构基本一致。

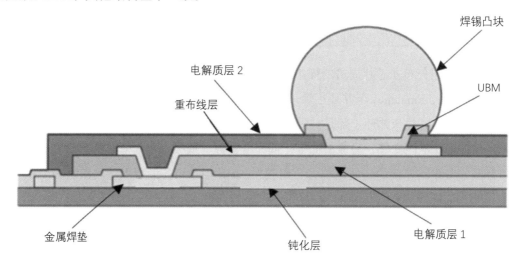

图 9.22 实际的重布线结构

WLP-CSP 的基本工艺流程如图 9.23 所示。

晶圆级封装的基本工艺流程如图 9.24 所示，来料后先涂敷制作第一层聚合物薄膜，然后制作重布线层，再涂敷制作第二层聚合物薄膜，接下来制作 UBM，最后在 UBM 之上植球焊锡凸块。

涂敷制作的第一层聚合物薄膜在起到应力缓冲作用的同时也加强了芯片的钝化层，当前最常用的材料是 PSPI，是负性光刻胶。早期使用较多的材料是 BCB，但是受制于 BCB 低断裂伸长率和拉伸强度及打底黏合层的低机械性能的缺陷，促使材料供应商开发出了更高机械强度的 PSPI 等材料。

重布线层示意图如图 9.25 所示，实现了焊锡凸块间距最小及新的焊垫阵列排列。

涂敷制作的第二层聚合物薄膜使晶圆表面更加平坦并保护重布线层，在第二层聚合物薄膜上光刻开辟出新的焊区位置。

```
已钝化晶圆
   ↓
涂敷 BCB 或 PSPI
   ↓
光刻新老焊区
   ↓
溅射 UBM
   ↓
光刻 UBM，使新老焊区布线连接
   ↓
二次涂敷 BCB 或 PSPI
   ↓
光刻新焊区
   ↓
电镀或印刷焊料、焊膏
   ↓
回流形成焊锡凸块
   ↓
WLP 封装完成
   ↓
测试、贴装、打印标记等
   ↓
包装出货
```

图 9.23 WLP-CSP 基本工艺流程

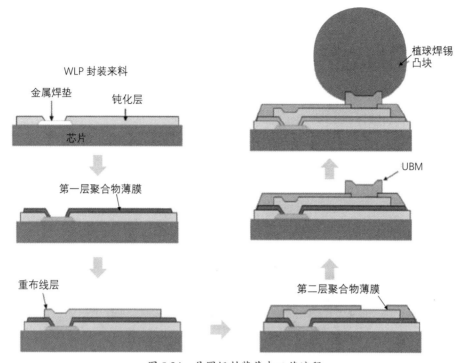

图 9.24 晶圆级封装基本工艺流程

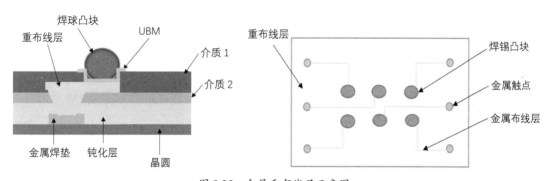

图 9.25 金属重布线层示意图

为了响应环保的要求，目前植球焊锡凸块已使用无铅焊料。焊锡凸块通过掩膜板的焊区开孔位置被植入，植球后的硅晶圆经过回流焊工序，焊锡凸块经加热后与 UBM 形成良好的浸润连接。

9.2.2 扇入式和扇出式晶圆封装

传统的晶圆级封装一般采用扇入式晶圆封装，扇入式晶圆封装比较适用于低引脚数的芯片。随着芯片性能的迅速发展，输入输出的引脚数增加，焊锡凸块的间距日趋缩小。由于印刷电路板的焊盘构造对芯片封装后的尺寸及输入输出引脚位置的要求不断提高，又衍生出了扇出式晶圆封装及扇入加扇出等更多的晶圆封装类型。

扇入式晶圆封装是在 X、Y 二维空间内将芯片的所有输入输出引脚都封装到封装体内。焊锡凸块都在芯片的有效面积之上，焊锡凸块通过重布线层连接芯片的焊垫，封装后的封装尺寸几乎等于芯片本身的尺寸。扇入式晶圆封装是在晶圆未切割之前完成封装，封装之后再进行切割。

图 9.26 所示是扇入式晶圆封装示意图和重布线层俯视图，焊锡凸块制作在和芯片的有效封装空间之内。RDL 按照已经设计的阵列进行焊锡凸块和金属引线的连接，实现焊锡凸块间距最小。

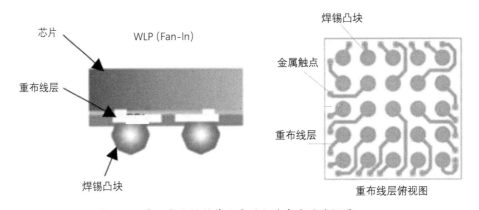

图 9.26　扇入式晶圆封装示意图和重布线层俯视图

扇入式晶圆封装有 4 种不同的封装结构形式。

第一种是前面提到的倒装封装结构形式，如图 9.27 所示，焊球凸块位于 UBM 之上，属于非重布线的方式。

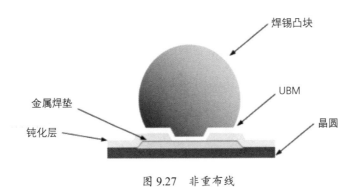

图 9.27　非重布线

普通的重布线结构也归为第一种结构形式，如图 9.28 所示，这类结构一般应用在焊锡凸块间距为 0.5mm 的 6 × 6 阵列。

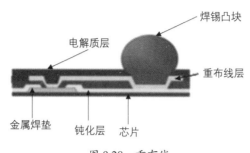

图 9.28 重布线

第二种是焊锡凸块置于重布线层之上，如图 9.29 所示，这种结构没有凸块下金属层，焊锡凸块直接与重布线层连接，使用两层电解质层，电解质层 1 在钝化层之上，电解质层 2 在电解质层 1 之上以保护重布线层。这些电解质层是高分子材料组成的，作为缓冲层减少装配时印刷电路板和芯片之间由于温度变化而产生的热机械应力。这类结构一般应用在焊锡凸块间距为 0.5mm 的 12 × 12 阵列。

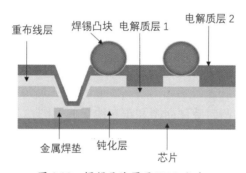

图 9.29 焊锡凸块置于 RDL 之上

第三种是之前介绍的焊锡凸块下有 UBM 和重布线层的封装结构形式，如图 9.30 所示，UBM 可以提高热力学性能。

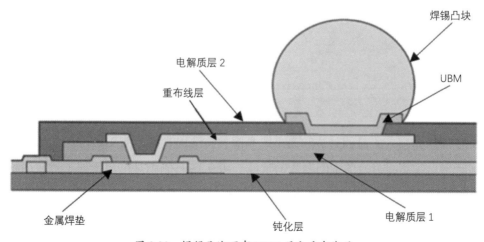

图 9.30 焊锡凸块下有 UBM 层和重布线层

第四种是铜柱结构，如图 9.31 所示，用铜柱取代焊锡凸块，利用电镀方式制作铜柱再使用环氧树脂包封。铜柱结构会比较好地保持其原始形态，铜柱结构应用于引脚更加密集的封装。构成铜柱的成分是锡/银、铜、钛/铜。

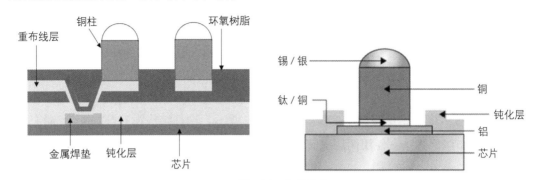

图 9.31　铜柱结构

随着芯片性能的提升、尺寸的进一步缩小、引脚数目的增加，扇入式晶圆封装无法在芯片有效面积下容纳更多的输入输出引脚，因此出现了扇出式晶圆封装。扇出式晶圆封装是将芯片从原来的晶圆上切割之后放置到另外一块人工晶圆再进行重组排列，通过在原本芯片的周围延伸增大封装面积，以满足容纳更多引脚的需求，使用 RDL 技术进行电气连接，延伸出来的空间使用环氧树脂回填处理。

图 9.32 所示为扇出式晶圆封装剖面图和重布线层俯视图，芯片位于封装的中间区域，在芯片的周围多了新分布的焊锡凸块，扇出式晶圆封装的封装面积大于原来的芯片面积。

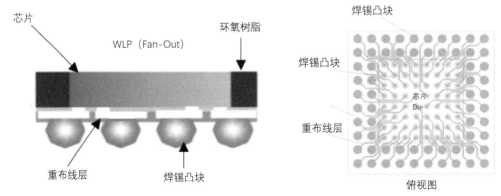

图 9.32　扇出式晶圆封装剖面图和重布线层俯视图

图 9.33 所示是扇入式晶圆封装和扇出式晶圆封装结构对比。图 9.33 左侧的焊锡凸块排列尺寸等同于扇出式晶圆封装的中间芯片的尺寸。图 9.33 右侧则是已经延伸了封装面积的扇出式晶圆封装结构。

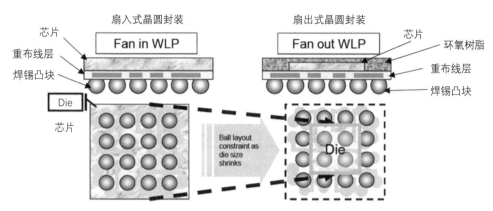

图 9.33　扇入式晶圆封装和扇出式晶圆封装结构比对

扇出式晶圆封装采用的是晶圆重构技术，目前主要有三种实现方式，即 Face Down-Die First（芯片引脚朝下 - 先装芯片）、Face Up-Die First（芯片引脚朝上 - 先装芯片）、Face Down-Die Last（芯片引脚朝下 - 后装芯片）。

（1）芯片引脚朝下 - 先装芯片在制作工序上是先贴装芯片。首先在载板上粘贴上黏结层胶带，载板是人工晶圆，黏结层胶带的作用是固定芯片位置和保护芯片的有源面，即引脚面。然后按照设定排列的间距将芯片粘贴到胶带，使用环氧树脂塑封料将芯片包封起来，去除载板和剥离胶带黏结层，最后制作重布线层和焊锡凸块。

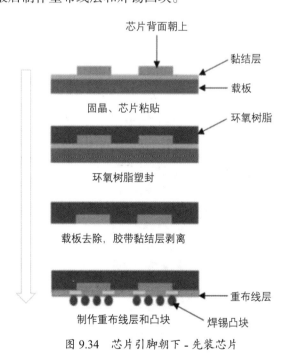

图 9.34　芯片引脚朝下 - 先装芯片

（2）芯片引脚朝上 - 先装芯片在制作工序上是先贴装芯片。首先在载板上粘贴上黏结层胶带，再粘贴芯片，此时芯片的引脚面是朝上的。将芯片按照阵列位置粘贴后在焊垫上加装铜柱。使用环氧树脂将芯片包封起来。接下来对铜柱进行曝光处理，使得铜柱从环氧树脂中暴露出来。而后制作重布线层及焊锡凸块。最后去除载板和胶带。

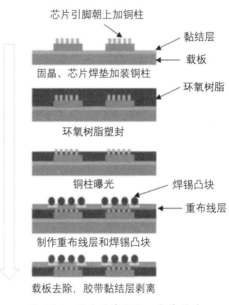

图 9.35 芯片引脚朝上 - 先装芯片

（3）芯片引脚朝下 - 后装芯片在制作工序上是后贴装芯片。首先在载板上制作重布线层。然后将芯片连接到载板上后进行回流焊，芯片被焊接到重布线层。使用环氧树脂将芯片包封起来。最后去除载板并完成焊锡凸块的植球。

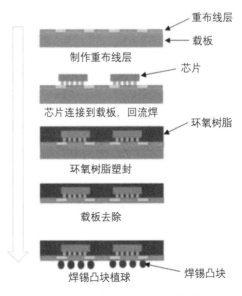

图 9.36 芯片引脚朝下 - 后装芯片

扇出式晶圆封装的优点如下。

（1）封装尺寸更小，厚度更薄。

（2）实现多芯片的封装，为系统级封装等复杂封装提供了解决方案。

（3）按比例缩小封装的尺寸，降低了成本。

（4）可以应用于 3D 封装。

（5）具有较好的导电导热性能。

（6）芯片可以在高频下工作。

（7）寄生参数小，有益于射频级的混合信号。

（8）使用 RDL 技术实现高密度的输入输出引脚布线。

虽然扇出式晶圆封装具有上述很多的优点，但同时也具有较多的问题。

（1）焊接点的热膨胀问题，焊锡凸块位于芯片的下方，芯片和印刷电路板组装后会发生热膨胀系数不匹配的问题。

（2）芯片位置的高精准度问题，从抓取芯片到贴装到载具上，以及在塑封作业中，芯片都不能发生位置的偏移变动。

（3）晶圆的翘曲问题，芯片经过切割后被重新放置到载板排布时会产生翘曲。重新构筑排列的材料中有环氧树脂、硅芯片、金属材料、硅材料，这些材料和胶体的比例在 X、Y、Z 轴三个方向都不相同，塑封过程中的加热或冷却也会导致晶圆的翘曲变形。

（4）模具移位问题，是指放置芯片的载体晶圆（也称为载板）在塑封成型过程中模具会轻微移动。模具移位问题对于晶圆级封装是一项挑战，尤其是对于面板级的大尺寸芯片封装更具挑战性和更加关键。

9.3　2.5D 封装

在介绍 2.5D 封装之前，让我们先了解一下 2D（二维）、3D（三维）空间的概念。2D 空间是由 X、Y（长、宽）两个元素组成的平面空间。例如，呈现在纸上的文字或画面就在 2D 空间中。3D 是由 X、Y、Z（长、宽、高）三个元素组成的立体空间。

2D 封装运用传统的打线封装技术或倒装封装技术，如图 9.37 所示，将芯片集成在同一个基板面的封装体内。封装的芯片处于同一个 2D 空间之内。电气互连都需要通过引脚与基板进行互连。

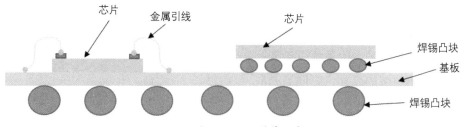

图 9.37　2D 封装示意图

2.5D 封装是 2D 封装的发展进阶，它介于传统 2D 封装和 3D 封装之间，可以实现更精细的线路和排列。2.5D 封装结构使所有的芯片和无源芯片都位于基板的上方，至少有部分芯片和无源芯片安装在硅中介层上。硅中介层提供用于芯片的电气互连。2.5D 封装理论上可以含有硅穿孔的结构，如图 9.38 所示。

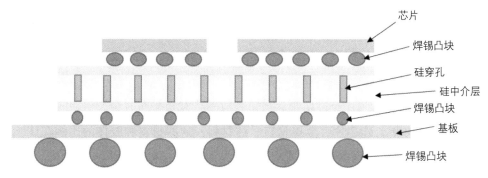

图 9.38　含硅穿孔的 2.5D 封装示意图

2.5D 封装也可以不含硅穿孔的结构，即采用传统的打线技术，如图 9.39 所示。

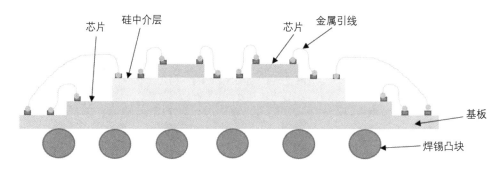

图 9.39　不含硅穿孔的 2.5D 封装示意图

2.5D 封装主要的新技术是硅穿孔和硅中介层。

2.5D 封装通常应用于高端的 ASIC（Application Specific Integrated Circuit，专用集成电路）、FPGA（Field Programmable Gate Array，现场可编程逻辑门阵列）、GPU（Graphics Processing Unit，图形处理器）及内存立方体等。

9.3.1 硅穿孔

硅穿孔（硅通孔）是利用在硅中介层开出的穿孔进行上下芯片的垂直电气连接。一般来说，硅穿孔是在晶圆制造时，即在晶圆厂中制作完成的。穿孔的直径为 2~50μm，深度为 5~150μm。通过硅穿孔技术可以实现芯片的上下堆叠的互连，完成了打线封装、倒装焊封装无法完成的任务，硅穿孔技术具有更短的电气连接线路，使封装厚度变得更薄，整体性能大幅提升。

硅穿孔是 2.5D 和 3D 封装的核心部分，硅穿孔工艺可以实现穿孔刻蚀、穿孔的薄膜淀积（钝化层、阻挡层、种子层沉积）、穿孔填充、化学机械抛光等。硅穿孔层次结构示意图如图 9.40 所示。

硅穿孔的工艺流程如下。

（1）使用光刻胶对待刻蚀的区域进行标记，再使用 DRIE（Deep Reactive Ion Etching，深反应离子刻蚀法）在硅片上刻蚀出穿孔。

（2）按顺序依次使用化学沉积法形成绝缘层，使用物理气相沉积法形成阻挡层、种子层。

（3）使用化学电镀在穿孔中填充金属，采用的材料是多晶硅、钨、铜等。

（4）采用化学机械抛光和背面磨削法对硅片进行打磨减薄，露出穿孔的另外一端。

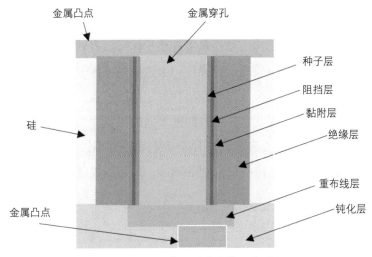

图 9.40 硅穿孔层次结构示意图

下面依次说明硅穿孔工艺的各个步骤。

（1）硅穿孔使用的深反应离子刻蚀法又称为博世工艺（是由博世公司发明的）。它是一种选择性刻蚀，在真空系统中通过分子气体等离子的诱导化学反应而实现各向异性刻蚀；利用离子的能量使被刻蚀层的表面更容易形成刻蚀的损伤层并促进化学反应。典型的平行板系统是一个圆柱形的真空反应室，承托晶圆的晶圆盘位于腔室的底部位置。晶圆盘与腔室的其他部分进行电隔离。气体从真空反应室的顶部进入，最后从真空反应室的底部排出。深反应离子刻蚀平行板系统如图 9.41 所示。

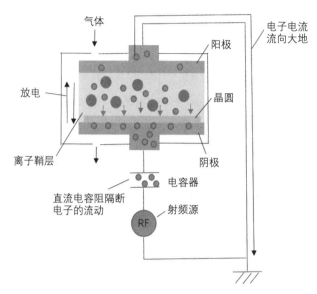

图 9.41 深反应离子刻蚀平行板系统

刻蚀硅衬底采用 SF_6（六氟化硫）腐蚀气体来进行，使用 C_4F_8（八氟环丁烷）气体在硅衬底上形成钝化膜，以保护刻蚀出来的侧壁穿孔，如此循环交替地进行刻蚀和钝化，得到高深宽比的穿孔，同时在侧壁形成扇贝结构。加入氧气等离子体可以有效控制刻蚀的速率和选择性。如果反应离子的刻蚀技术不能获得较高的选择性，会造成侧壁的表面有缺口、粗糙，侧壁表面粗糙会增大穿孔的空隙，并影响绝缘层、阻挡层和种子层的覆盖范围，还会造成一定的污染，导致产品可靠性异常及失效等。因此，需要将侧壁表面的粗糙度控制在最小的范围。

如图 9.42 所示，穿孔刻蚀需要先在硅基片上涂光刻胶并刻蚀初步的盲孔，盲孔底部沉积的聚合物保护刻蚀出来的盲孔，再进行聚合物的刻蚀，最后刻蚀硅得到最终的穿孔。

图 9.42 刻蚀硅衬底的过程

（2）穿孔形成之后需要制作绝缘层对硅衬底进行电气隔离，绝缘层需要进行良好的覆盖，不能有破损或空洞，采用的材料是二氧化硅或氮化硅，如图 9.43 所示，使用 PECVD（等离子体增强化学沉积法）在 100 ~ 400℃的温度下对穿孔表面沉积绝缘材料。

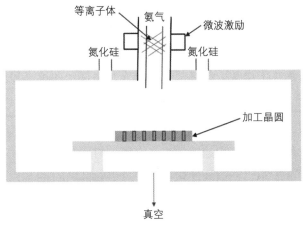

图 9.43　PECVD 示意图

ICP-PECVD（电感耦合等离子体增强化学沉积法技术）相比传统的 PECVD，可以提高反应离子的方向性，使二氧化硅或氮化硅的沉积温度低至 20~100 ℃。该方法降低了应力，提高了反应离子的浓度，从而提高了填充效率。当硅穿孔的直径小于 3μm 时，可以使用 ALD（Atomic Layer Deposition，原子层沉积）技术制作绝缘层。原子层沉积不需要进行表面处理，节省了后续化学机械抛光工序的时间。

制作阻挡层是为了防止铜原子在高温（400℃）下扩散。PVD（Physical Vapor Deposition，物理气相沉积）、CVD（Chemical Vapor Deposition，化学气相沉积）、ALD 是当前主流的三类薄膜沉积工艺。阻挡层位于绝缘层和铜层之间，制作阻挡层的材料有钛、钽、钽氮、钛氮等。

钛、钽的阻挡层可以采用物理气相沉积法制作。虽然此工艺的温度较低且出现的应力较小，但是台阶覆盖率较差，比较容易产生较高深宽比的穿孔。如果沉积更厚的阻挡层以增加台阶覆盖率，会使成本增加，效率降低。

钽氮、钛氮阻挡层可以采用化学气相沉积法制作，使用此工艺制作的阻挡层均匀性好，但是制作时的温度较高，出现的应力大。

种子层的沉积厚度、均匀性、连续性及黏结强度都是主要的技术指标，后续对穿孔的填充也非常关键，填充时必须使侧壁、底部阻挡层和种子层连续。种子层一般使用铜材料。根据穿孔的形状、深宽比和沉积方法的不同，种子层的特点也不同。如果填充时使用硅或钨则不使用种子层。

（3）穿孔的主要填充方法有电镀法、溅射法、金属有机化学气相沉积法。当前最为广泛使用的是电镀法，主要的填充材料是铜。铜具有良好的热传导性，阻抗低、导电率高、电迁移率低。

解决和处理穿孔填充时易出现的空洞和缝隙问题是穿孔技术中关键的指标，空洞和缝隙问题会导致硅穿孔可靠性异常。当前主要的穿孔填充方式有保形的（Conformal）填充、从底向上的（Bottom-up）填充和超级保形的（Sup-Conformal）填充3种。保形的填充是在孔内和表面进行均匀沉积的填充方式。从底向上的填充则是先在孔底进行沉积，孔壁和表面几乎不被电镀，孔底电镀完成后进而往上电镀。超级保形的填充是将保形的填充和从底向上的填充相结合的填充方式。

不同的填充方式时间也有所差异。从底向上的填充可以有效抑制表面的电镀，电镀电流最大限度地作用于孔内，使孔内的沉积速率加快，电镀的时间减少。保形的填充没有对表面进行有效抑制，孔内的电镀电流小，孔内的沉积速率慢，电镀的时间长。

为了避免填充时产生空洞，孔内的沉积速率要大于等于表面的沉积速率。保形的填充需要添加促进剂，使孔内的沉积速率和表面的沉积速率相等，以实现电镀时铜的完全填充。保形的填充沉积过程如图9.44所示。

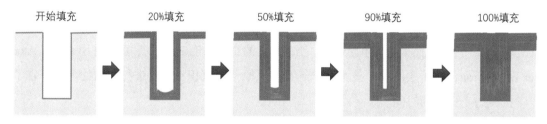

图 9.44　保形的填充沉积过程

从底向上的填充是在孔口表面和侧壁上添加抑制剂，其目的是阻碍铜离子的沉积，抑制孔口表面和侧壁上的铜沉积；在孔底添加促进剂，起到催化的效果以加速铜的沉积；实现孔底加速、孔口抑制的向上沉积，最终实现硅穿孔的完全填充。从底向上的填充不但可以避免空洞和缝隙产生，而且可以减小电镀的铜层厚度和缩短电镀的时间。从底向上的填充沉积过程如图9.45所示。

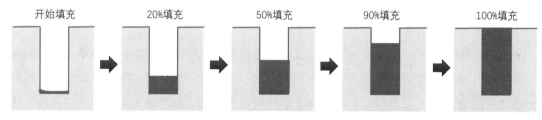

图 9.45　从底向上的填充沉积过程

影响穿孔填充的因素可分为内部因素和外部因素。内部因素包括电介质类型、铜离子的浓度、添加剂浓度和类型、电流密度、电势大小、直流电镀或脉冲电镀的选择、溶液内的含氧量、种子层类型和种子层厚度的分布。外部因素包括环境温度、对流强度、阳极的形状和种类、孔的种类、孔的尺寸、孔的间距和密度。

采用化学机械抛光和背面磨削法对硅片进行打磨减薄，目的是使穿孔背面的铜柱充分露出来。化学机械抛光是在机械抛光的基础上添加相应的化学剂，达到增强抛光或选择性地抛光的效果。

先采用机械研磨的方式将晶圆减薄到几十微米，再通过化学机械抛光使穿孔背面的铜柱充分露出来。图 9.46 所示是穿孔背面研磨和抛光的过程。

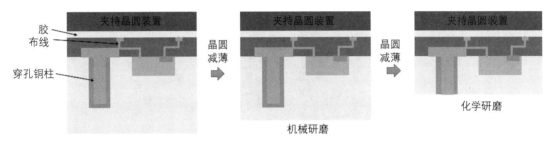

图 9.46 穿孔背面研磨和抛光过程

在研磨的过程中要同时对硅、二氧化硅、氮化硅及铜等多种材料进行研磨，研磨抛光时控制这些材料的选择性是重点。为了快速地将铜柱露出，就需要使硅、二氧化硅、氮化硅的去除速率高于铜的去除速率。

为了减少硅穿孔的缺陷和表面粗糙度，抛光工艺对抛光液和实际的工艺参数都提出了高要求。

9.3.2 硅中介层

硅中介层又称为硅转接板、硅中介板等，如图 9.47 所示，其作用是硅穿孔和重布线层制作完成后，实现封装的芯片到基板之间的电气互连，以及扩大封装连接面。

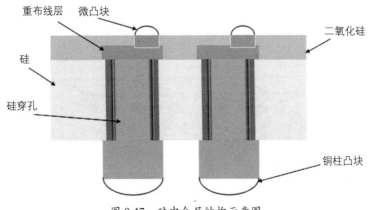

图 9.47 硅中介层结构示意图

硅中介层的基底使用硅或玻璃材质，在基底上还可以制作连接无源芯片，如电阻、电容、电感等。硅穿孔是硅中介层的核心结构，主要使用铜材料填充，其他的层次依次由种子层、阻挡层、黏附层及绝缘层组成。硅穿孔层次结构如图 9.48 所示。

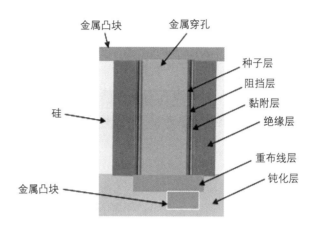

图 9.48　硅穿孔层次结构

重布线层为新的凸块分布提供了布线空间，使电气连接更加灵活自由。微凸块和铜柱凸块提供了芯片的连接点。芯片互连的微凸块的直径一般在 $20\mu m$ 以下，凸块之间的间距不超过 $50\mu m$，实现与芯片的高密度互连。

在封装前和制作硅穿孔时需要对硅中介层进行减薄处理，便于封装和硅穿孔的制作。通常将硅中介层的厚度减薄到 $100\mu m$ 以下。硅中介层是芯片和基板之间进行电气连接的中介，硅中介层的面积需要大于其集成封装的所有芯片面积之和。因此硅中介层具有超大的面积、超薄的厚度，与芯片互连的微凸块的直径及相互间距也非常微小。芯片技术向着更细微和引脚数目更多的方向发展，给硅中介层的工艺带来了不小的挑战。

在 2.5D 封装中有多颗芯片需要进行集成封装，如图 9.49 所示，芯片经过硅中介层的上下凸块和硅穿孔的连接实现了与基板的电气连接。2.5D 封装满足了在一个封装体内集成多种类型的芯片，性能大幅提升，满足了芯片市场日益发展的需求。

图 9.49　2.5D 封装结构示意图

组装硅中介层时需要将芯片和硅中介层的焊点位置精确对位，对凸块进行回流焊接、清洗及底部填充。由于多层级的微凸块、铜柱凸块、焊锡凸块的存在，以及需要焊接处理，特别是微凸块对回流工艺比较敏感，加工不良更可能导致可靠性异常，回流焊的加工有很高的工艺要求。实现无空洞的底部填充对于封装非常重要，空洞的存在会加速热循环过程中焊点疲劳及裂纹扩张，降低焊点的热机械性能。因为封装体内同时包封多颗芯片，封装密度大，高性能的芯片功耗同样大，散热性能就显得尤为重要。为此硅中介层需要设计合理的散热结构，以实现良好的散热。

常见的穿孔硅中介层芯片封装工艺有自上而下和自下而上两种。自上而下工艺是先将芯片和硅中介层互连，再将两者和基板互连，这种工艺的主要缺点是在封装的过程中，硅中介层底部的 C4 焊锡凸块因为缺乏保护措施容易受到损伤。自下而上工艺是先将硅中介层和基板互连，再将芯片焊接到硅中介层上，这种工艺的缺点是基板和硅中介层材料的热膨胀系数存在差异，容易导致硅中介层翘曲变形。

新型的 2.5D 封装工艺克服了这两种传统工艺的缺点。新型的 2.5D 封装工艺步骤如图 9.50 所示。第一步，将硅中介层倒置并用专门的夹具卡好固定以保护凸块，完成与芯片的焊接组装。第二步，将硅中介层和芯片焊接后的整体用夹具卡好并翻转过来与基板进行焊接组装。第三步，进行底部回填。第四步，进行基板再植球。此方法使用了专门的夹具，可以很好地保护 C4 焊锡凸块。

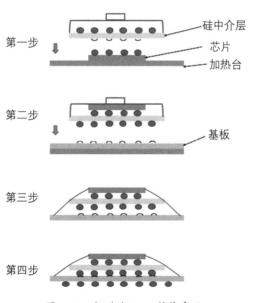

图 9.50　新型的 2.5D 封装步骤

硅中介层的尺寸较大，边长可达 20mm 以上，厚度为 $100\mu m$ 左右，而封装时在硅中介层上会进行多颗芯片封装，因此薄硅中介层易发生翘曲变形。研究表明，硅中介层的结构设计及制作加工都会造成翘曲现象。在穿孔铜柱的制作过程中，由于铜柱的热膨胀系数和基板材料的热膨胀系数不一致，在退火处理时硅中介层容易发生翘曲变形。此外，硅中介层的机械研磨和化学机械研磨加剧了翘曲变形，并且硅中介层的多层布线也会在一定程度上导致一定的翘曲现象。

在自下而上的组装过程中，先将基板和硅中介层互连，硅中介层和基板材料的热膨胀系数差别较大，加热硅中介层凸块时膨胀加剧翘曲。而在芯片和硅中介层互连时，硅中介层上的铜柱凸块在回流键合时的温度会高于250℃。键合的高温及硅中介层自身大而薄的特点加剧了翘曲。在铜柱凸块和芯片互连的过程中，铜柱凸块的厚度仅为几微米，翘曲异常导致回流焊过程中发生凸块间的桥接短路现象。硅中介层翘曲后，微凸块在回流焊接时会出现与芯片焊点不在同一平面的情况，导致虚焊、空焊，进而影响焊接质量和产品的可靠性。因此，研究凸块的材料、结构，优化回流的工序，减少和避免硅中介层翘曲，使焊点和凸块保持在同一水平面是硅中介层组装焊接亟待解决的问题。

底部填充胶也会影响芯片封装的可靠性。填充胶用于填充组装后芯片和硅中介层之间的间隙、硅中介层与基板之间的间隙。填充胶可以减少芯片、焊点、硅中介层、基板之间由于热膨胀系数不匹配而产生的热应力。填充时先将胶注入芯片和硅中介层的周围，然后由毛细管作用使胶流向中间的空隙处。在2.5D封装中由于引脚数量增多、硅中介层的尺寸变大、凸块引脚间距变小，使得填充胶的流动速度减慢。另外，由于凸块的样式不同及分布不均匀、微凸块与硅中介层很小的间隙也影响了填充胶的流动性，使填充胶的前端流动形状变得不规则。这些因素导致了填充胶填充时间长、流动速度慢、前端流动形状不规则，在凸块的周围形成空洞，严重影响芯片封装的可靠性。

由于硅中介层和芯片凸块的间距和高度过小，在经过回流焊之后的清洗中，可能会有助焊剂残留在凸块焊点之间无法被清洗干净，如图9.51所示，从而导致凸块间存在桥接问题。

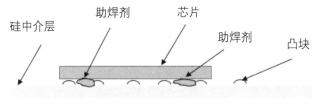

图 9.51　凸块间桥接示意图

如前面介绍倒装封装时所讨论的，采用非流动填充可以比较好地解决此类问题。如图9.52所示，非流动填充工艺是先将填充胶涂敷到基板上，再将芯片的凸块和基板焊盘位置对准，芯片凸块和基板的焊盘接触后进行加热回流，使凸块和基板的焊盘相连接，等待底部填充胶固化完成封装。与流动填充工艺相比，非流动填充工艺少了添加助焊剂和清理助焊剂两道工序，避免了流动过程中毛细流动慢的问题，将回流焊和填充胶固化结合在同一工序中完成，提高了质量和生产效率。

在非流动填充的过程中也会出现有颗粒物聚集或颗粒物陷入胶内等情况，因此开发和选择合适的填充胶及设置合适的填充方式、填充温度和固化时间也是填充工艺的关键。

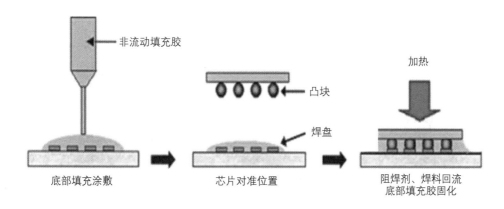

图 9.52　非流动填充工艺

芯片与硅中介层的精确对位非常重要，对位不准会影响芯片的信号传输性，精确对位可以减少信号损失及通道的串扰。随着硅中介层尺寸变大、引脚数目增多的发展，当凸块数量变得一定多及间隙变得一定小时，可能会导致芯片凸块无法被识别，芯片与硅中介层的精确对位成为一个关键点。

9.4　3D 封装

2D 封装是在 X、Y 二维平面上展开的封装制作。3D 封装则是在 X、Y、Z 三维空间内展开的封装制作。它使用堆叠、硅穿孔、RDL 等技术将芯片向高处立体空间拓展封装，可以实现 2D 封装和 2.5D 封装所不具有的多层封装结构，使得芯片的综合性能得到进一步提升，是一种在当前晶圆制造工艺发展减缓情况下的协助手段，继续延续摩尔定律的发展趋势。接下来 3D 封装还会在长时间内持续发展。

当前芯片的功能越来越强大，芯片的尺寸也变得越来越大。为了满足封装的需要常常将晶圆分割成小的芯片颗粒进行 3D 堆叠封装以实现大芯片的功能。尤其是存储芯片多会采用 3D 堆叠封装技术，因为相对而言存储芯片的结构更加规律一致，而且封装时的硅穿孔处理也相对比较容易。

3D 封装不仅有 3D 封装的形式，也包括其他封装形式，如图 9.53 所示，倒装封装、2.5D 封装和 3D 封装的芯片可能会封装在同一个封装体内形成一个多功能系统级的封装。

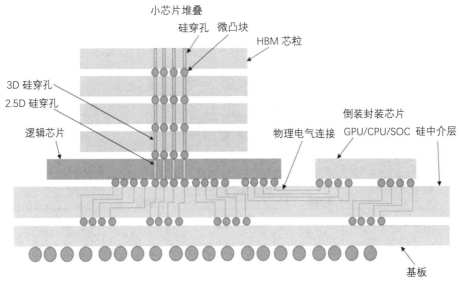

图 9.53　倒装封装、2.5D 封装和 3D 封装在同一个封装体内

3D 封装涉及硅穿孔、硅中介层等技术，因此很多 3D 封装技术主要来自晶圆制造大厂，封装厂也有一些自己的封装技术。不同厂家对封装技术的命名存在一定的差异。

3D 封装按照封装的结构形式和技术划分主要有三大类，第一类是基于硅穿孔的 3D 封装技术，第二类是基于打线的 3D 封装技术，第三类是基于叠层的 3D 封装技术。

对于之前已经讨论过的硅穿孔、硅中介层技术，此处不再赘述。

9.4.1　基于硅穿孔的 3D 封装

提及硅穿孔的 3D 封装，就不得不提 3D 封装的一个主要的应用产品 HBM（High Band Memory，高带宽存储器）。它属于 RAM（Random Access Memory，随机存储器），是将多个 DDR SRAM（Double Data Rate Synchronous Dynamic Random Access Memory，双倍数据速率同步动态随机存取存储器）芯片堆叠起来，再和图形处理单元（GPU）或中央处理器（CPU）及系统级芯片（SOC，System On Chip）封装在一个平面单元，实现大存储容量和高位宽的 DDR SRAM 组合阵列。HBM 封装体完成后的俯视图如图 9.54 所示。HBM 被堆叠在左右两边，堆叠的数量有 2、4、8 三种，堆叠的层数最高为 4 层。

HBM 产品 3D 封装剖面示意图如图 9.55 所示，HBM 芯粒由高密度的硅穿孔和微凸块层层堆叠。通常在 HBM 芯粒的底部会集成逻辑芯片用作逻辑运算控制。在硅中介层使用 2.5D 封装技术再封装 GPU/CPU/SOC 芯片。最后通过硅中介层完成和基板的互连。3D 封装在实现多种芯片的封装时也可以认为是 3D 封装和 2.5D 封装的结合体。

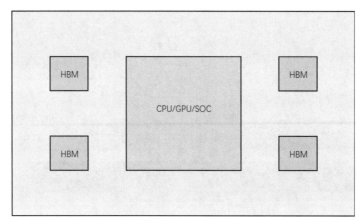

图 9.54　HBM 封装体完成后的俯视图

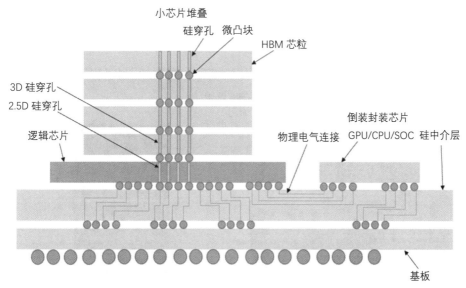

图 9.55　HBM 产品 3D 封装剖面示意图

　　硅穿孔的 3D 封装的另外一个应用是 CMOS（Complementary Metal Oxide Semicon-ductor，互补金属氧化物半导体）图像传感器，是由三层芯片堆叠而成的 3D 封装模块。

　　如图 9.56 所示，图像传感器位于叠层的最上层，用于接收和处理光学信号，其内部的硅穿孔是在图像传感器自身的动态随机存储器（DRAM）内部制作。图像传感器的下一层是动态随机存储器，可以比较方便地制作穿孔，作为图像传感器和逻辑芯片的中间信号传输介质层和数据存储单元。第三层是逻辑芯片。

　　图像传感器处理光学信息后，输出信号通过硅穿孔传输，通过动态随机存储器后，再传输到逻辑芯片进行运算处理。经过数字转换的图像数据从逻辑芯片传输到动态随机存储器单元存储。这样可以加速像素的读出和扫描，减少拍摄运动物体时图像的失真，实现高帧速率的慢动作拍摄。

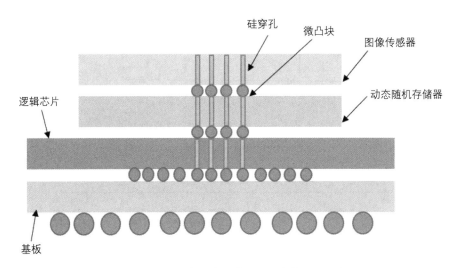

图 9.56　图像传感器产品 3D 封装剖面示意图

图像传感器、动态随机存储器和逻辑芯片的堆叠示意图如图 9.57 所示。将三种不同功能的芯片堆叠封装可以制作出更高性能的图像传感器芯片。

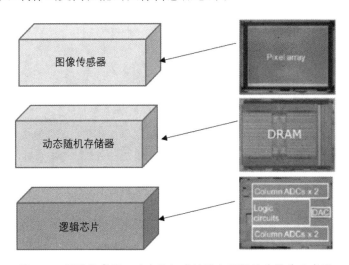

图 9.57　图像传感器、动态随机存储器和逻辑芯片堆叠示意图

9.4.2　基于打线的 3D 封装

传统的打线封装是在平面内进行的，可以封装一个或两个以上的芯片，但是没有堆叠封装，即没有向 Z 轴方向进行封装拓展。基于打线的 3D 封装还是使用传统的打线方式，制作时芯片黏结和打线两道工序交互进行，将芯片层层堆叠起来完成引线键合，最后使上下芯片实现电气

互连。

如图 9.58 所示，通过芯片键合和引线键合两道工序的交替作业实现了 4 层芯片的封装。这种烦琐的传统工序给芯片键合和引线键合都带来了较大的难度，来回搬运芯片及封装半成品时需要小心翼翼，避免出现掉料等异常问题。在芯片键合和引线键合工序中，需要每次针对不同的生产作业调试机器程序和参数，长距离的金属引线键合也是很大的考验。为了满足叠层封装的需要，芯片都经过了研磨处理，芯片变得很薄之后已经减少了强度，容易发生翘曲碎裂，同时也给打线工序加大了难度。如果上层的芯片尺寸大于下层的芯片尺寸还会产生悬空的问题，造成打线时上下层芯片震动，给芯片的塑封作业及可靠性带来了问题与挑战。面对传统打线封装如此多的难点，业界普遍选择更先进的硅穿孔技术进行 Z 轴方向的上下连接。

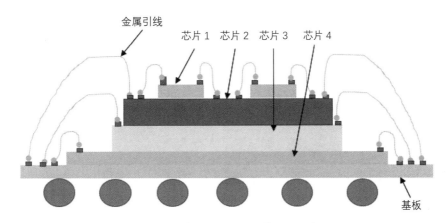

图 9.58　引线键合的 3D 封装剖面示意图

9.4.3　基于叠层的 3D 封装

3D 封装又称为叠层芯片封装技术，需要将封装的芯片通过一定的堆叠工艺和电气互连技术向 Z 轴方向叠层。前面已经讨论的两种 3D 封装实际上也属于叠层。这里按照不同的叠层结构和方式进行划分和定义。

根据不同的封装叠层和芯片的叠层方法，可以将基于叠层的 3D 封装分为两大类，一类是按照封装的叠层来划分，可以分为 PIP（Package In Package，封装里封装）和 POP（Package On Package，封装上封装）两种；另一类是按照芯片和晶圆的叠层关系划分，可以分为 D2D（Die to Die，芯片与芯片的堆叠）、D2W（Die to Wafer，芯片与晶圆的堆叠）、W2W（Wafer to Wafe，晶圆与晶圆的堆叠）三种。

基于叠层的 3D 封装可以更好地实现封装微型化，具有高密度、高可靠性、低功耗的特点，满足了芯片日益发展的高性能需求。3D 封装可以与传统封装进行很好的兼容结合。

1. 封装里封装

封装里封装示意图如图 9.59 所示。封装里封装在一个封装体内堆叠多颗芯片完成 3D 封装，很多时候会使用打线的方式进行芯片间的互连，也会使用硅中介层进行互连，将 3D 封装和传统封装技术相结合，发挥各自的优点。

封装里封装按照产品设计的需要在封装体的底部、中部或顶部置入一定功能的芯片，如小型存储卡，将需要的控制器、闪存、无源芯片等一起封装组合成综合性能强大的实用集成电路。

从封装工艺的角度看，封装里封装会使用芯片黏结工艺、引线互连工艺、塑封工艺及先进封装的硅中介层、硅穿孔技术等。

封装里封装具有便于集成、灵活的内存集成配置，封装尺寸比封装上封装薄，I/O 互连密集度比封装上封装高。

通过封装里封装制作的存储卡产品具有存储容量大、读写速度快、防水性好、防静电、耐高温等优点。

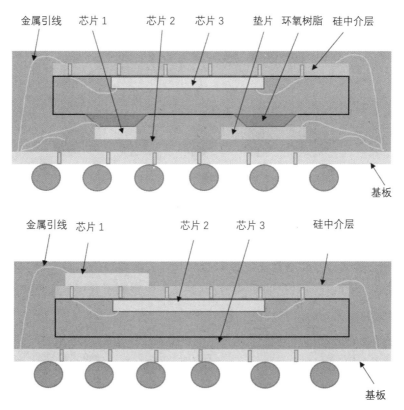

图 9.59　封装里封装示意图

2. 封装上封装

封装上封装示意图如图 9.60 所示。这种封装方法是在封装体底部芯片的上方再叠放一颗与之相匹配的芯片，组成一个新的封装体。该方法使用传统的引线框架或基板作为基底，基板较引线框架具有更高的封装密度、更薄的外壳和更优的工艺灵活性。

封装上封装是将两个独立的封装体叠合在一个封装体内，而封装里封装是把多颗芯片叠合封装在一个封装体内。

封装上封装对顶部或底部的不同芯片进行单独的测试，可以较好地保证产品良率，满足事先 KGD（Known Good Die，已知良品）的需求。

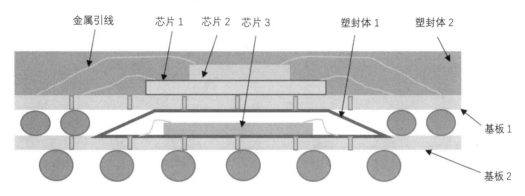

图 9.60　封装上封装示意图

封装上封装具有两大优点，一是芯片的选择具有很大的自由度，确保封装体测试通过后再将封装体叠合封装，封装体相互独立，用户拥有很高的选择性；二是返修、检测、测试方便，当封装体出现异常时可以将封装体拆开进行单独的测试，对损坏的芯片可以单独更换维修。这些优点使得封装上封装成为 3D 封装的主要技术。

第一代封装上封装是将传统的引线键合技术应用在 90~130nm 的 CMOS 制造工艺中，位于顶部封装体的 BGA 的焊球间隙为 0.65mm，位于底部封装体的球栅阵列封装的焊球间隙为 0.5mm，封装体的高度为 1.5mm。2007 年，封装上封装技术进入 65nm 的晶圆制造工艺阶段，封装体的高度也下降了 0.2mm，变为 1.3mm。2009 年，封装上封装技术进入 45nm 的晶圆制造工艺阶段，顶部封装体的球栅阵列封装的焊球间隙为 0.5mm，底部封装体的球栅阵列封装的焊球间隙为 0.4mm，可以集成更多的处理器。我们把 2009 年之后的封装上封装技术称为第二代封装上封装。最新的封装工艺采用塑封穿孔技术，可以进一步降低封装体的高度。现在越来越多的晶圆制造厂商和封装厂商将 3D 封装技术作为重点研究对象，3D 封装技术将会随着晶圆制造技术的发展而得到进一步的发展。

这里特别介绍一下塑封穿孔技术。如图 9.61 所示，从流程来看塑封穿孔需要六个步骤。

（1）将焊球置于硅中介层的顶部。

（2）将芯片黏结到硅中介层上。

（3）进行环氧塑封。

（4）激光钻孔，利用激光的发热效应对环氧树脂钻孔，保留覆盖芯片的树脂部分和植球的相互阻挡层部分。

（5）将硅中介层翻转并在另一面植球。

（6）再将硅中介层翻转，将芯片单颗切割分离，最后目检。

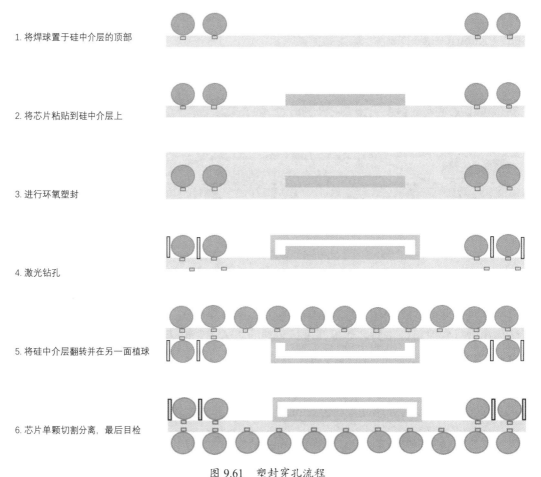

1. 将焊球置于硅中介层的顶部

2. 将芯片粘贴到硅中介层上

3. 进行环氧塑封

4. 激光钻孔

5. 将硅中介层翻转并在另一面植球

6. 芯片单颗切割分离，最后目检

图 9.61　塑封穿孔流程

3. 芯片与芯片的堆叠

芯片与芯片的堆叠是将多颗芯片在垂直方向上堆叠，主要利用传统打线封装技术实现上下芯片的连接，以及最后与基板的互连。因为芯片与芯片的堆叠属于引线键合方式，所以需要较大的键合空间。芯片与芯片的堆叠与前面介绍的基于打线的 3D 封装类似，但是它的堆叠方式更加丰富。

当前主要有三种芯片与芯片堆叠的方式：金字塔型叠层封装、垫板式叠层封装、错位式叠层封装。

（1）金字塔型叠层封装：堆叠芯片时使用尺寸不同的芯片，底部芯片的尺寸最大，中部的次之，顶部的最小，构成类似于金字塔的形状。芯片黏结和打线两道工序交互进行，将芯片堆叠起来之后使用金属引线完成键合。金字塔型叠层封装示意图如图 9.62 所示。

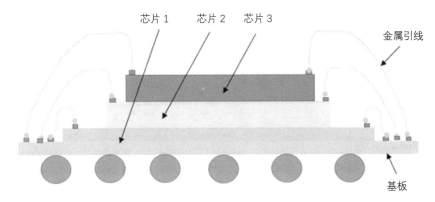

图 9.62　金字塔型叠层封装示意图

（2）垫板式叠层封装：在芯片与芯片之间垫入小的普通硅片，使得上下芯片之间有引线键合的操作空间，而后使用金属引线将上下芯片键合连接起来。垫板式叠层封装示意图如图 9.63 所示。

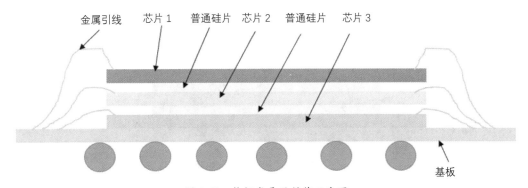

图 9.63　垫板式叠层封装示意图

（3）错位式叠层封装：使用尺寸相同的芯片，将相邻的芯片进行错位叠层黏结，使得上下芯片之间具有引线键合的空间，最后使用金属引线将上下芯片键合连接起来。错位式叠层封装按错位方式可分为滑移错位式和交替错位式两种，分别如图 9.64、图 9.65 所示。

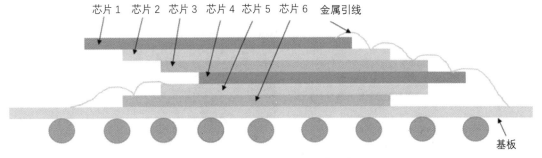

图 9.64　滑移错位式叠层封装示意图

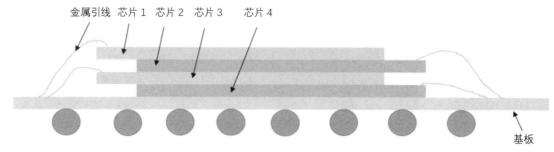

金属引线　芯片 1　芯片 2　芯片 3　　芯片 4

基板

图 9.65　交替错位式叠层封装示意图

4.芯片与晶圆的堆叠

芯片与晶圆的堆叠是将芯片从原本的晶圆上切割下来，再将单颗的芯片黏结到另外的人工晶圆上重组，如图 9.66 所示。

芯片与晶圆的堆叠主要利用倒装封装方式和凸块键合方式实现互连。和芯片与芯片的堆叠相比，芯片与晶圆的堆叠具有更高的互连密度及更强的性能，可以利用倒装封装的机器设备，生产效率比较高。

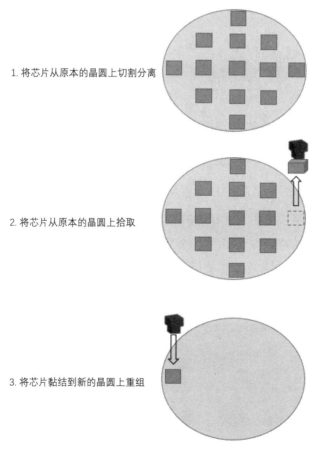

1.将芯片从原本的晶圆上切割分离

2.将芯片从原本的晶圆上拾取

3.将芯片黏结到新的晶圆上重组

图 9.66　芯片与晶圆的堆叠过程示意图

5. 晶圆与晶圆的堆叠

晶圆与晶圆的堆叠是晶圆在完成了穿孔制作并经过研磨减薄后，将晶圆和晶圆堆叠起来，再利用硅穿孔进行上下芯片的电气互连，如图 9.67 所示。

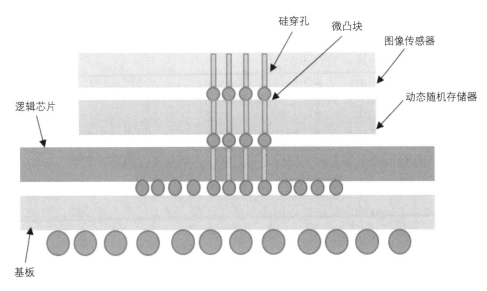

图 9.67　晶圆与晶圆的堆叠结构

如图 9.68 所示，与前面介绍的图像传感器类似，晶圆的选择置入层次也需要特别注意，一般会将动态随机存储器晶圆放置在中间层以便于穿孔的制作和芯片的上下互连。

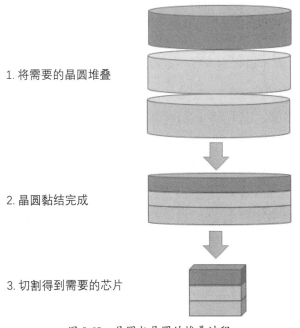

1. 将需要的晶圆堆叠

2. 晶圆黏结完成

3. 切割得到需要的芯片

图 9.68　晶圆与晶圆的堆叠过程

在组装的过程中需要将晶圆水平放置，不同晶圆的形貌会有差异，封装过程中需要考虑这些情况。晶圆与晶圆之间的键合需要确保密封封装。晶圆有着不同的尺寸，如 4 寸、6 寸、8 寸、12 寸等，所使用的黏结方法要与基材匹配。以下是几种常见的解决形貌差异的方法。

如果晶圆不同，可以使用切割机切割芯片后进行黏结。有些时候晶圆被黏结到了临时的载体基板上，这种情况下需要将芯片从临时的载体基板上取下并再次键合。对于正常情况下的晶圆切割取芯片同样是先切割分离再拾取芯片。

在进行晶圆的键合前，需要准备合适的晶圆，这样才可以达到最佳的效果。确保对晶圆基材使用适合的加工方法。

制作工艺的选择取决于晶圆的类型。如果使用的是临时载带，可以使用胶水或其他材料将晶圆进行黏结。晶圆与晶圆之间键合时要确保芯片对齐，否则组件会滑落，影响产品的质量。

当晶圆堆叠键合使用冷却方式使合金成共晶态时，键合金属处于液态，会使晶圆表面更加平坦。液态的接面提供了良好的耐受性，可以实现永久连接。该工艺是关键步骤，但是加工费用高昂，需要选择正确的材料和黏结剂以制造高质量的产品。

3D 封装具有以下优点。

（1）降低了芯片的体积和重量，3D 封装采用的是纵轴方向垂直向上的叠层封装工艺，和传统的 X、Y 平面上的封装相比，具有更小的尺寸和重量。

（2）提高了硅片使用效率，硅片使用效率指的是叠层的基板面积和焊区面积的比率。和 2D 封装相比，3D 封装的硅片效率提高了 100% 以上。

（3）减少了信号延迟和噪声，3D 封装采用穿孔连接技术和重布线技术，走线更短，缩短了金属引线的互连长度，降低了寄生电容电感，减少了信号的延迟传播。

（4）降低了功耗，寄生电容与互连长度成正比关系，3D 封装更短的互连线路减小了寄生电容，从而降低了产品的功耗。

（5）提高了跃迁速度，由于 3D 封装降低了产品的功耗，在不增加功耗的情况下，产品的跃迁速度提高。

（6）提高了互连利用效率，3D 封装结构可以为叠层中的中心元件提供 16 个相邻元芯片，而 2D 封装的结构仅可以为叠层中的中心元件提供 8 个相邻元芯片，3D 封装的垂直互连可以最大限度地提高互连利用效率。

（7）增加了产品带宽，3D 封装可以将 CPU 和存储芯片一起集成到同一个封装体内，增加了产品带宽。

3D 封装技术的主要应用领域有两个：一个是在内存芯片领域内的应用，另一个是在系统级芯片封装中的应用。

（1）在内存芯片领域内的应用：在过去几年，扩大计算机内存空间成为信息技术中的一个瓶颈问题，使得 CPU 不得不采用倍频技术以适应频率比其低很多的内存。3D 封装技术的出现给扩大内存空间问题提供了解决方案。从 2005 年起，3D 封装的内存扩容方案开始被应用于解决计算机的内存问题。各大存储器厂商随之开发了不同的解决方案。3D 封装可以利用封装上封装技术将逻辑芯片与内存芯片堆叠封装在一起，使产品的良率得到保障，测试相对方便。3D 封装技术在内存应用领域发挥着重要的作用。

（2）在系统级芯片封装中的应用：系统级封装是将一个功能系统或子系统的功能的部分或全部系统集成到一个封装体内，以及将多颗芯片集成组装到一个封装体内形成系统芯片。一般而言，一种芯片主要实现一种功能，如 CPU 实现控制处理功能，GPU 实现图像处理功能，而存储芯片则实现数据的存储和被调用的功能。以往如果我们想实现多功能的电路功能，一般需要在印刷电路板上设计好电路，选择控制芯片、逻辑芯片、存储芯片、接口电路等芯片从而实现一个完整的电路功能。这样组装完成后的电路板系统体积、面积、重量都比较大，并且信号的干扰、信号的工作频率等方面都有很多的问题。3D 系统级封装可以弥补这些不足，在很小的空间内将多颗芯片堆叠封装起来，实现更强大的功能，解决电路板系统的体积、面积、重量比较大等问题。3D 封装技术使得系统级封装 SIP 的性能提升到了一个更高的层面。

芯片封装正向着高频、高速、多功能、低功耗、细间距、小型轻量及低成本的方向发展。利用 3D 封装技术实现芯片之间的叠层互连、实现强大的系统功能是未来封装的大趋势。但 3D 封装技术同样也面临着芯片设计、芯片制造、封装设计、材料设备、制作工艺等诸多方面的挑战。

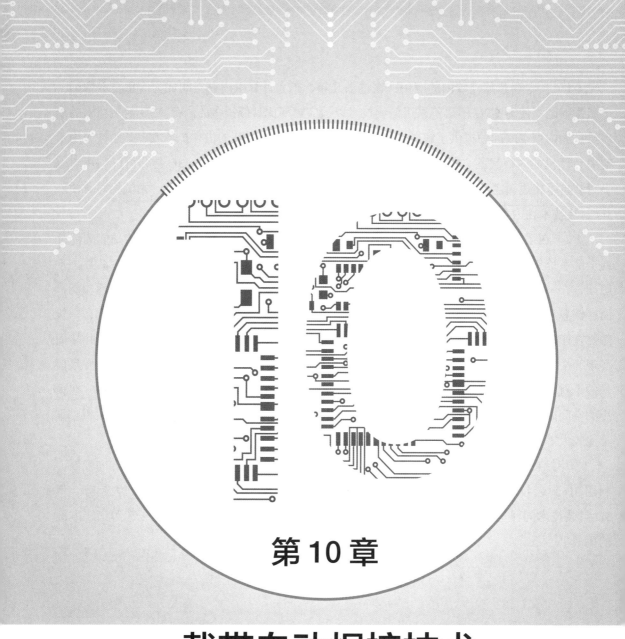

第 10 章

载带自动焊接技术

载带自动焊接（Tape Automated Bonding，TAB）技术是将芯片组装到金属化的柔性高分子聚合物载带（很多时候会简称为柔性电路板）上的集成电路封装技术。载带自动焊接技术属于引线框架的一种互连工艺。它的工艺过程是将芯片上的焊区与外部框架或基板上的焊区通过引线图形或金属线相连接。

载带自动焊接技术发明于 1966 年，由通用电气研究实验室实现商业化。当时的主要目的是通过卷对卷"成组键合"的技术封装大批量低 I/O 引脚的芯片，以这种成本更低的技术取代引线键合技术。载带自动焊接技术在 20 世纪 80 年代逐渐得到广泛的应用。但是该技术从发明到 20 世纪 80 年代，整体发展速度比较缓慢，主要受制于以下因素。

（1）初期的投资需求比较大。

（2）初期载带自动焊接制作设备很难购买，而传统的打线工艺已经发展成熟，生产设备齐全也容易购买。

（3）初期载带自动焊接技术的资料和相关信息比较少。

随着集成电路技术向着大规模集成电路和超大规模集成电路方向发展，芯片功能不断增强并且 I/O 的引脚数量也迅速增加，整机系统的高密度、小型化、轻量化的需求更加明显。1987 年，载带自动焊接技术重新受到重视，美国、日本、欧洲部分国家和地区竞相开发载带自动焊接技术，特别是使其在消费类电子产品中得到广泛应用。例如，液晶显示器、电子手表、智能 IC 卡、计算机、计算器、手机、录像机和照相机中都有载带自动焊接技术的应用。

在世界范围内，日本的载带自动焊接技术在数量、设备、工艺方面都处于领先地位。美国、欧洲部分国家和地区次之。

 ## 10.1 载带的分类

载带按照层次结构分为单层带、双层带和三层带；按照所使用的材料和层次结构分为铜箔单层带、铜 - 聚酰亚胺双层带、铜 - 黏结剂 - 聚酰亚胺三层带及铜 - 聚酰亚胺 - 铜双金属带，实际应用中以双层带和三层带居多。

图 10.1、图 10.2、图 10.3 所示为常见的单层带、双层带和三层带的载带结构示意图。

铜　　　　　电镀层

图 10.1　铜箔单层带结构示意图

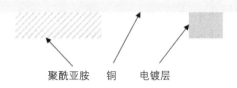

聚酰亚胺　　铜　　电镀层

图 10.2　铜－聚酰亚胺双层带结构示意图

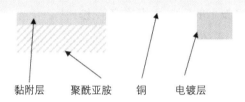

黏附层　　聚酰亚胺　　铜　　电镀层

图 10.3　铜－黏结剂－聚酰亚胺三层带结构示意图

表 10.1 所示为不同载带的结构和特点。

表 10.1　不同载带的结构和特点

种类	结构	特点
铜箔单层带	铜　　电镀层	制作成本低、工艺简单、耐热性好、不能做老化测试
铜－聚酰亚胺双层带	聚酰亚胺　铜　电镀层	制作成本低、可以弯曲、设计灵活、可制作高精度图形、可以做老化测试、载带宽度大于等于 35mm 时稳定性差
铜－黏结剂－聚酰亚胺三层带	黏附层　聚酰亚胺　铜　电镀层	铜箔与聚酰亚胺的黏结性好，可制作高精度图形、可弯曲、可以做老化测试、工艺复杂、成本高

续表

种类	结构	特点
铜－聚酰亚胺－铜双金属带	－	用于高频芯片，改善信号质量

20 世纪 80 年代末，美国半导体技术工业协会制定了载带标准。当前大量使用的载带宽度有 35mm 和 70mm，其他的载带宽度还有 8mm、16mm、45mm、158mm 等。宽度为 8mm、16mm 的载带被用于 I/O 引脚数比较少的小规模集成电路。宽度为 158mm 的载带可以在同样长的载带中制作更多的 TAB 图形。例如，每卷长度为 100mm，宽度为 158mm 的载带可以制作 70000 个 TAB 图形。

 10.2 载带的基本材料

组成载带的基本材料有 3 种：基带材料、金属材料、凸块材料。

1. 基带材料

基带材料是指带状绝缘薄膜上有经过覆铜箔刻蚀的引线框架，芯片在基带材料上完成封装焊接，其形状类似于老式相机的胶卷或电影胶卷。标准聚酰亚胺基带材料的宽度有 35 mm、45 mm 和 70 mm，厚度为 50~100 μm。基带材料的电路长度以链轮的距离进行测量，每个链轮的节距约为 4.75 mm，16 个节距的电路长度约为 76mm。为了方便模具的凸块或滚珠与相应的载带自动焊接电路连接，预先在基带上冲孔，而芯片在载带上凸起被用于定位。

基带材料需要具有耐高温、与铜箔的黏结性好、热匹配性好、收缩率低、抗腐蚀性强、机械强度高且吸水率低的特点，使用的材料有聚酰亚胺薄膜、聚酯类材料薄膜、苯丙环丁烯薄膜，聚酰亚胺薄膜是最早广泛使用的材料，但是价格略高。

基带材料和封装结构示意图如图 10.4 所示。基带的组成包含冲孔、剪切线、芯片、引线框架、聚酰亚胺薄膜、内引线和外引线。其中，内引线与芯片的焊垫相键合，外引线则和引线框架的焊点相连。

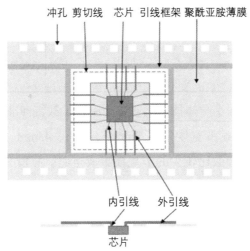

图 10.4　基带材料和芯片封装结构示意图

2.金属材料

金属材料是指制作载带引线图形的材料，如图 10.5 所示，内引线和外引线用于制作载带引线图形。金属材料需要具有导电性能好、强度高、延展性强、表面平滑、与基带材料黏结牢固不易剥离、易于刻蚀出精细复杂的图形、易于电镀焊接的特点。

金属材料主要有铜箔和铝箔，最常用的是铜箔，宽度有 18μm、35μm、70μm、158μm。其中 35μm 的宽度应用最多，其次是 70μm、158μm 等宽度。

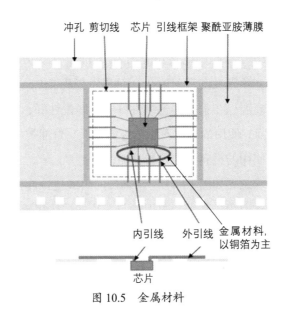

图 10.5　金属材料

3.凸块材料

如图 10.6 所示，载带焊接工序要求先在芯片的焊垫上制作凸块，再与铜箔内引线进行焊接。

凸块的金属材料有金、铜 / 金、金 / 锡和铅 / 锡。

焊垫金属一般使用铝膜制作。为了使铝膜和芯片钝化层黏结牢固，需要先淀积一层黏附层金属，接着淀积阻挡层，再在上层制作凸块。还需要防止外层的凸块材料和铝材料互相扩散，形成金属间化合物。

图 10.6　载带铝焊垫层和凸块结构示意图

如图 10.7 所示，可以在芯片的铝焊垫层将凸块制作在载带焊接的铜箔引线上。这种结构称为 BumpTAB（凸块载带自动焊）。按照不同的应用，载带上的凸块结构会呈梯形或矩形。

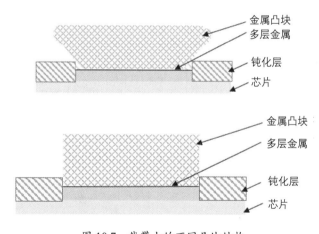

图 10.7　载带上的不同凸块结构

 ## 10.3　载带自动焊接的工艺流程

载带自动焊接首先在聚酰亚胺薄膜的基带材料上制作引线框架，然后将芯片对位放置到框架上，最后通过热电极一次性将所有的引线键合完成。

载带自动焊接使用标准化的 100m 卷轴长带作业，实现自动化的多点一次性焊接。当前，芯片的贴装和外引线的焊接电镀已经实现了自动化，可以大规模生产。载带芯片多点一次性焊接结构如图 10.8 所示。

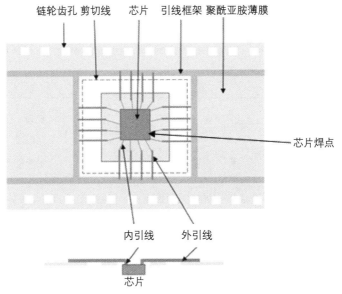

图 10.8　载带芯片多点一次性焊接结构

典型的载带自动焊接工艺流程如图 10.9 所示。

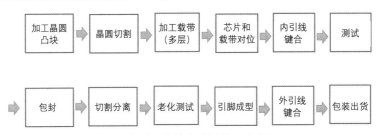

图 10.9　典型的载带自动焊接工艺流程

图 10.10 所示是载带自动焊接封装的内引脚键合和点胶，内引脚通过键合工具将内引线与芯片的凸块键合。点胶机将芯片点胶完成包封，再经过烤箱烘烤使胶硬化。最后芯片还需要经过测试确认功能是否合格。

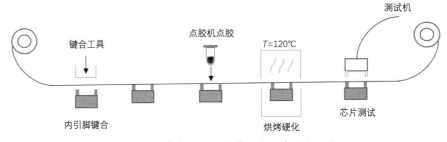

图 10.10　载带自动焊接封装的内引脚键合和点胶

如图 10.11 所示，当芯片完成了内引脚的键合和点胶之后，需要将外引脚冲压成型。外引脚成型后的芯片还连接在载带上，使用键合工具将载带对位对齐后进行冲断，将封装后的芯片从载带上完整地取下来。

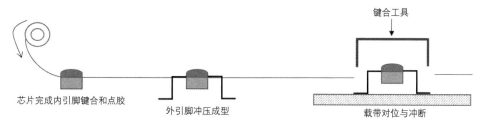

图 10.11　载带自动焊接封装的外引脚冲压成型

 10.4 载带自动焊接的关键技术

如图 10.12 所示，载带自动焊接的主要工艺是先在芯片上完成凸块的制作，然后将芯片上的凸块与载带上的焊点通过引线键合的方式进行电气互连，通过点胶密封保护，最后将芯片的外引线与基板焊区或外壳部分进行焊接。

载带自动焊接的关键技术是芯片凸块的制作、载带的制作、内外引线的焊接。

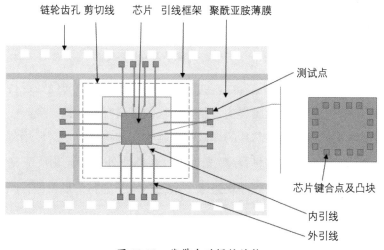

图 10.12　载带自动焊接结构

载带自动焊接芯片上的键合点分布在芯片的周围。在键合点上植入凸块，凸块的形状有蘑菇形和柱形（方形或圆形）。凸块的设计原则是钝化孔尺寸小于芯片压焊区（焊垫）金属尺寸，凸块尺寸大于钝化层尺寸，这样的设计有两个优点：一是压焊区的金属全部被凸块金属所覆盖，不容易被腐蚀；二是在压焊过程中可以避免对压焊区的周围产生损伤。

当芯片制作完成后，在其焊垫表面镀上钝化保护层，厚度高于电路的键合点，需要在芯片的键合点或载带的内引线前端制作出凸块才可以与芯片的焊点进行键合连接。

芯片凸块的制作形式主要分为两种，第一种是在单层载带上制作凸块，第二种是在芯片焊垫上制作凸块。

在单层载带上制作凸块如图 10.13 所示，对于单层载带可以在金属内引脚处刻蚀制作凸块。对于双层或三层载带，因为刻蚀工艺容易导致载带变形，在键合过程中发生对位错位，所以很少制作凸块。

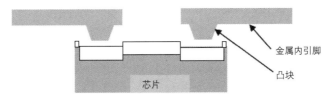

图 10.13　在单层载带上制作凸块

在芯片焊垫上制作凸块如图 10.14 所示，预先将金属凸块制作到芯片的焊垫上，然后与载带的内引脚进行键合连接。凸块提供了芯片焊垫和内引脚电气连接的条件，可以避免内引脚和芯片之间发生短路。

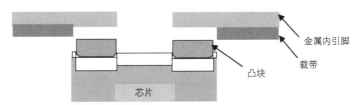

图 10.14　在芯片焊垫上制作凸块

这里再简要介绍凸块制作的工艺流程，前文中在介绍先进封装时已经进行详细介绍。

凸块包括黏附层、阻挡层及金属焊垫，制作凸块的材料有钛、钨、金。

传统的电镀凸块工艺流程是在芯片的焊区制作钝化层和金属焊垫，使用溅射的方法在焊垫上制作凸块下金属（UBM），溅射后涂敷光刻胶，在凸块处进行光刻反应刻蚀出开孔，电镀铜和锡铅焊料，去除光刻胶，再去除凸块边缘多余的凸块下金属，最后进行凸块回流焊，完成凸块的制作。

电镀凸块工艺需要在严格的控制条件下完成，形成很小的接触电阻并获得高度一致的凸块。凸块的高度一般要求在 20~30μm，凸块在同时焊接时的一致性误差较高，而在单点焊接时误差较小。同一颗芯片焊接时凸块的高度误差要求在 ±1%，同一片晶圆上的凸块的高度误差要求在 ±5%，而同一个电镀槽内晶圆上的凸块的高度误差要求在 ±10%。

传统的凸块制作工艺比较复杂，技术难度高，生产成本也高。日本松下公司开发出的凸块转移技术，可以比较方便地解决这一问题。凸块转移技术有两次键合过程。

如图 10.15 所示，第一次键合是在玻璃基板上先制作完成凸块，然后将凸块转移到载带（树脂片）的内引线上，即与芯片焊垫相连接的焊点上。

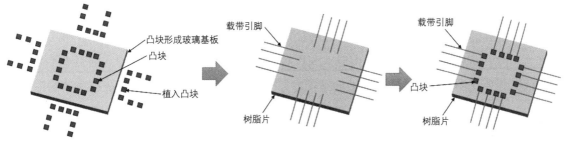

图 10.15　凸块转移第一次键合

如图 10.16 所示，第二次键合则是完成内引线上凸块和芯片焊垫的相互键合。凸块制作完成后才可以进行后续的封装键合工序。

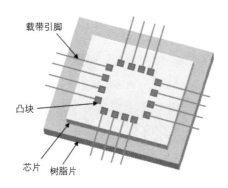

图 10.16　凸块转移第二次键合

10.5　载带的制作工艺

制作载带采用的是光刻铜箔的方法，铜箔厚度的选择由图形的精细程度和引线的强度决定。载带的生产设备复杂、昂贵，随着载带需求的增加和标准的完善，许多集成电路封装代工厂可以生产标准的载带。

载带的焊接区要有良好的镀金层或镀锡层，厚度为 $1\mu m$ 左右。载带的引线宽度为 $50\mu m$，相邻引线中心线的距离为 $100\mu m$。

在设计载带前需要知道芯片凸块的精确位置、凸块的尺寸和凸块的间距，然后设计载带的

引线图形。内引线端的凸块位置、尺寸和内引线的间距需要和芯片上的凸块对应一致。另外，载带的外引线焊区要保证与基板的焊点位置对应，这些条件和要求决定了载带引线的宽度和长度。

根据用户的要求及输入输出引脚的数量、产品的性能和成本来确定选择使用单层、双层、三层或双金属的载带（图 10.17 所示是之前描述的载带示意图，便于对照理解）。单层带选择厚度为 50~70μm 的铜箔，以保持引线在制作和加工中的强度，以及引线焊点的引脚不共面。如果选用其他几种载带，有聚酰亚胺的结构支撑，可以选择厚度为 18~35μm 或更薄的铜箔。载带的分布是从芯片凸块焊点处向外扇出排列。载带的内引线较窄，而通向外部的外引线越来越宽，引线由窄到宽是逐渐变化的，不应突然变化，这样可以起到减小引线的热应力和机械应力的作用。

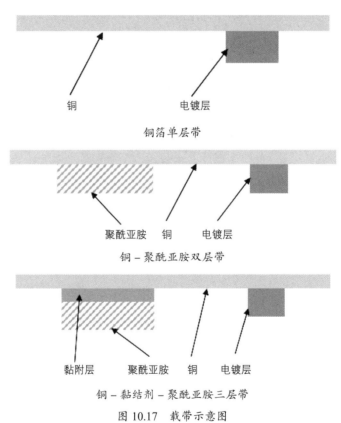

图 10.17　载带示意图

1. 单层带的制作工艺

由单层带的结构可以看出制作单层带需要完成的主要工艺是引线图形的成型和电镀。如图 10.18 所示，制作引线图形需要利用设计好的制版进行光刻、曝光、显影及刻蚀处理。

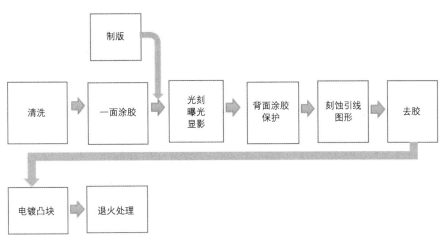

图 10.18　单层带的制作工艺流程

2. 双层带的制作工艺

制作双层带时，两个面有不同的分工，如图 10.19 所示，一面刻引线图形，另一面刻聚酰亚胺，制版需要提前为两面的制作做准备，最后完成聚酰亚胺层和电镀引线图形。

PA（Polyacrylate）涂层是聚丙烯酸酯类织物胶，具有防水、阻燃等多种功能。

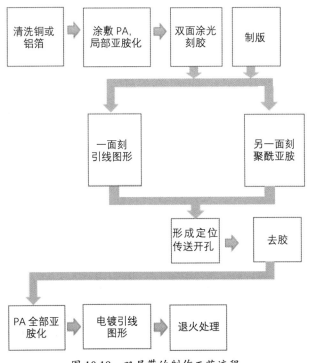

图 10.19　双层带的制作工艺流程

3. 三层带的制作工艺

三层带是当前最流行、应用最广的技术，适用于批量化生产，由铜 - 黏结剂 - 聚酰亚胺三层材料结合而成。铜箔的厚度为 18~25μm，根据实际情况也可以更薄，其作用是形成引线图形。黏结剂的厚度为 20~25μm。聚酰亚胺的膜厚为 70μm。三层材料结合之后的总厚度约为 120μm。

三层带主要通过模具制作，如图 10.20 所示，先冲压聚酰亚胺定位孔和框架孔，再涂黏结剂、涂敷铜箔，然后加热加压以黏附铜箔，接下来切割冲压三层带，最后制作引线图形。

4. 双金属带的制作工艺

双金属带的制作工艺流程如下：先在聚酰亚胺薄膜上冲压出引线图形的支撑框架，然后在两面黏附铜箔，使用双面光刻的方法在两面制作出引线图形，对两个图形聚酰亚胺框架之间的穿孔进行局部电镀，实现上下金属带之间的金属互连。

还可以在聚酰亚胺框架上先使用铜淀积工艺，再使用电镀加厚法，在框架的两面形成双层铜箔，最后使用光刻法刻蚀出所需要的引线图形。

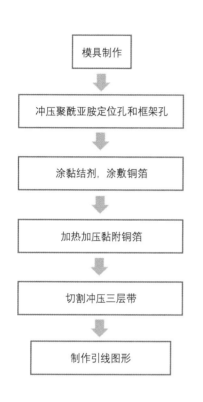

图 10.20　三层带的制作工艺流程

10.6　载带的键合焊接工艺

载带和芯片的凸块制作完成后，需要进行关键的键合焊接工作，如图 10.21 所示，分为内引线键合和外引线键合。内引线的键合是将内引线的凸块或焊点与芯片的焊垫或凸块键合。外引线键合则是将外引线的焊点和基板或框架键合。简单来说，与芯片焊垫或凸块的焊接属于内引线键合，而与芯片互连的另外一个焊点的焊接则属于外引线键合。

载带芯片的焊接、焊点的保护及后续的筛选测试都是关系着产品可靠性的关键工序。

本节重点讨论内引线键合、外引线键合、芯片焊点的保护及后续的筛选测试。

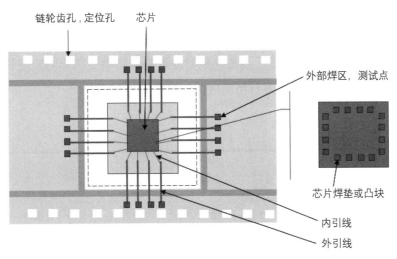

图 10.21 载带键合焊接结构示意图

10.6.1 内引线键合

如图 10.22 所示，内引线键合是将内引线的凸块或焊点与芯片的焊垫或凸块键合互连，通常使用热压焊或热压再回流焊工艺。焊接的热压键合工具是由硬金属或钻石材料制成的热电极。

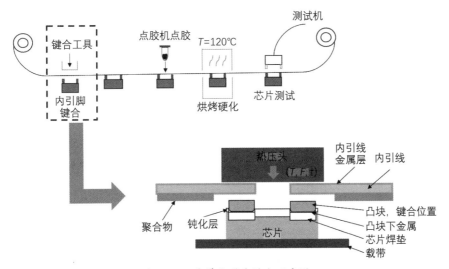

图 10.22 载带内引线键合示意图

当芯片凸块的材料是金、金/镍、铜/金，并且载带的引线也镀了同样的金属材料时，使用热压焊工艺进行键合。而当芯片凸块的材料含有锡铅，载带的引线也镀有锡铅材料时，由于锡铅材料属于硬金属材料，需要使用热压再回流焊工艺，因为完全使用热压焊工艺的温度高，而使用热压再回流焊工艺的温度低。

热压焊和热压再回流焊工艺均采用自动或半自动引线键合设备进行多点一次性焊接。

焊接操作主要分为 4 个步骤：对位、焊接、抬起、芯片传送。

（1）对位：芯片经过切割分离、挑拣之后被放置到载带引线图形的固定焊接位置，按照机器程序的设定与引线图形的焊点进行精确对位，如图 10.23 所示。

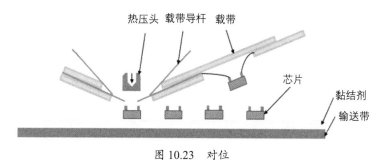

图 10.23　对位

（2）焊接：热压头施加一定的力道将引线焊点和芯片凸块按压一定的时间，使焊点与凸块完成键合，如图 10.24 所示。

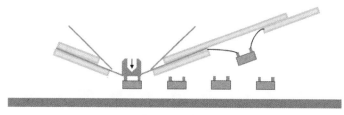

图 10.24　焊接

（3）抬起：当一颗芯片键合完成后，热压头抬起，键合完成的芯片通过链轮步进电机被卷绕到卷轴上。而后下一个引线图形被链轮步进电机移动到芯片焊接的对应位置，继续下一颗芯片的焊接，如图 10.25 所示。

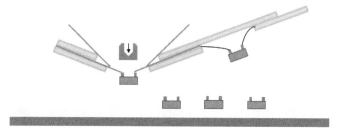

图 10.25　抬起

（4）芯片传送：按照机器程序的设定，当一颗芯片焊接完成后，下一颗芯片被传送到载带引线图形的下方并进行对位，对齐后再次开始新的焊接，如图 10.26 所示。

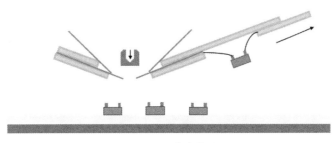

图 10.26　芯片传送

焊接的条件包括 T（焊接温度）、F（焊接压力）和 t（焊接时间）。一般热压再回流焊的典型条件是 T=450 ~ 500℃，F=0.5N/ 焊点，t=0.5~1s。

影响焊接质量的因素有热压焊接头的平行度、平整度，焊接时的倾斜度，凸块的高度和载带引线图形厚度的一致性。

10.6.2　封胶保护

内引线键合完成后需要对焊点和芯片进行封胶保护，以避免受到外部压力、机械力、化学污染、粉尘、水汽等因素的影响而出现损坏。方法是涂敷环氧树脂和硅橡胶。环氧树脂的黏度低、流动性好、应力小且氯离子和 α 粒子的含量少，涂敷后需要经过烘烤固化处理，这样可以保护焊点及载带引线，耐受力更强，也保护了芯片的表面。涂敷环氧树脂采用点胶或盖印的方法，一般涂敷整个芯片表面或内引脚键合的区域。烘烤树脂时应注意温度条件，防止气泡和预应力的产生。

涂敷封胶有 3 种类型：表面涂敷、全包封、传递模封（传递成型）。

（1）表面涂敷：使用环氧树脂涂敷已焊接互连的部分，如图 10.27 所示。

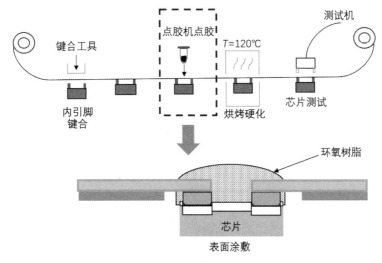

图 10.27　表面涂敷

（2）全包封：使用环氧树脂将芯片全部包封起来，如图 10.28 所示。

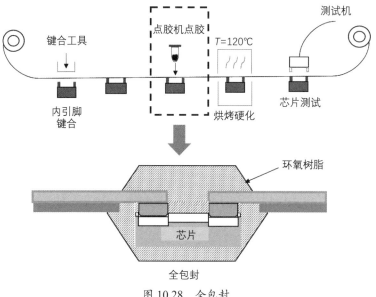

图 10.28　全包封

（3）传递模封：采用传统的塑封工艺和环氧树脂材料将芯片封装起来，并且将引脚弯折成型，如图 10.29 所示。

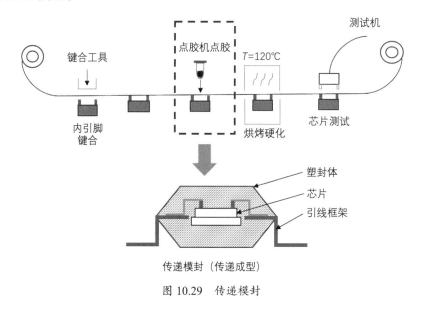

图 10.29　传递模封

10.6.3　外引线键合

外引线键合时把好的芯片从载带的截切框内剪下，使用黏结剂将芯片黏结到基板的键合位置，保证外引线的焊点和基板上焊点的精确对位。使用热压焊法或热压再回流焊法对外引线进行焊接。

外引线键合的原理是利用热压头（热电极）提供持续的脉冲电压，利用热量将外引线的焊点与基板上的焊点进行互连，即冲压焊接。

冲压焊接主要分为 3 个执行动作：供片、冲压和焊接、回位。

（1）供片：电机驱动载带将芯片传送到待冲压焊接的位置，如图 10.30 所示。

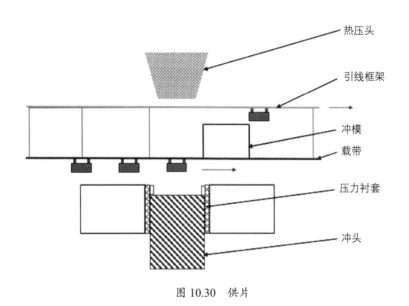

图 10.30　供片

（2）冲压和焊接：冲头将芯片冲压到引线框架的焊接位置，热压头下压一定的时间完成焊接，如图 10.31 所示。

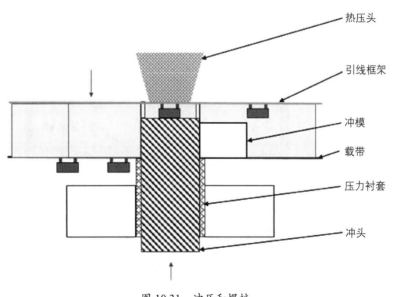

图 10.31　冲压和焊接

（3）回位：芯片焊接后，热压头和冲头回到原始的位置，等待新的芯片传送过来进行再次冲压和焊接，如图10.32所示。

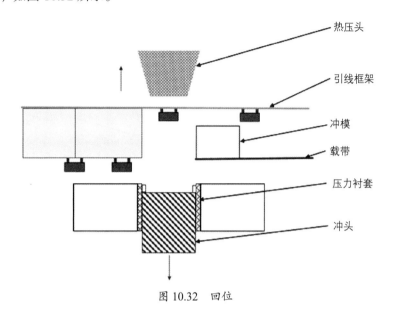

图10.32　回位

对于批量化封装载带外引线的芯片，焊接前使用切断设备将芯片的引线和聚酰亚胺框架以外的部分切断，使芯片的外引脚与基板的焊点精确对位，再使用外引线压焊工具对芯片外引脚进行焊接。载带外引线键合示意图如图10.33所示。

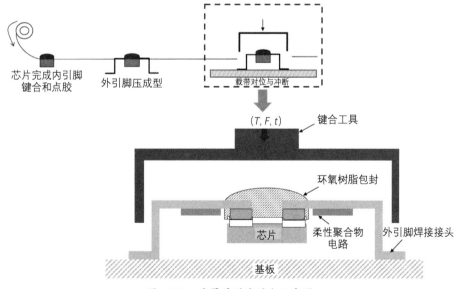

图10.33　载带外引线键合示意图

载带的外引线键合分为4个步骤：芯片传送、切断冲压成型、安装到基板、热压键合，分别如图10.34、图10.35、图10.36、图10.37所示。

（1）芯片传送：载带按照机器设定的顺序将芯片传送到待冲压键合的位置。

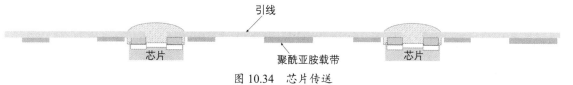

图 10.34　芯片传送

（2）切断冲压成型：通过冲压设备将芯片从载带上截切下来并将引脚冲制成需要的形状。

图 10.35　切断冲压成型

（3）安装到基板：通过焊料将芯片的引脚一同黏结到基板焊盘。

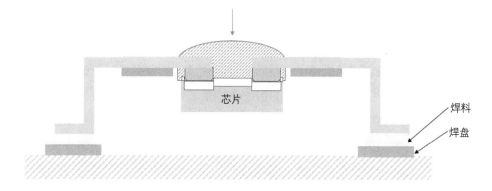

图 10.36　安装到基板

（4）热压键合：通过热压头键合工具使芯片引脚和基板焊盘键合互连。

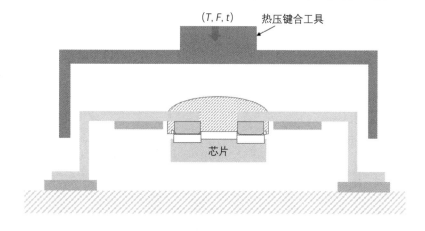

图 10.37　热压键合

203

10.6.4 载带的筛选与测试

芯片在出厂之前还需要经过严格的筛选测试和老化试验，以确保产品具有良好的电性能、热性能和机械性能。测试即检测芯片的功能，只有通过所有测试项目的芯片才是良品。

加热测试用于考验芯片的热性能，将芯片放入烤箱中进行加热，也可以在充有氮气的设备中完成加热，如图 10.38 所示，加热后还需要再次测试确认产品的性能。

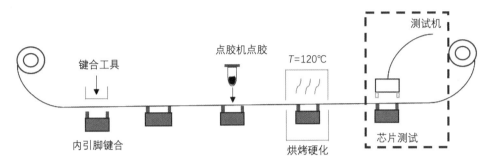

图 10.38　加热测试筛选

老化试验的目的是验证产品的使用寿命及剔除部分早期容易失效的芯片。老化试验时需要将完成封装的芯片放入老化试验板通电一段时间。老化试验按照需要验证的产品批次进行。

产品的失效模式可以用图 10.39 所示的浴盆曲线来表示，产品失效根据时间分为早期失效期、偶然失效期和损耗失效期三个阶段。其中，早期失效期是模拟产品在早期使用阶段可能会出现的问题，早期失效的出现主要与材料、设计、制造过程相关，因此由老化试验可以提前剔除部分早期容易失效的芯片。偶然失效期是模拟产品的正常使用期，偶然失效的发生主要与现场的环境、材料的不良或使用不当相关，此阶段的失效率较低。损耗失效期是模拟产品经过长时间的工作后出现老化、磨损或疲劳，属于产品的最后使用阶段。

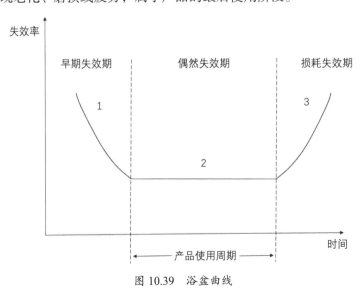

图 10.39　浴盆曲线

10.7 载带自动焊接技术的优缺点

载带自动焊接技术具有以下优点。

（1）载带的结构轻、薄、短、小，具有良好的韧性。

（2）载带的电极尺寸、电极与焊区的间距小。

（3）载带可以容纳更多的引脚数目。

（4）载带的电阻、线间电容、寄生电感小。

（5）铜箔引线导热性好、导电性好、机械强度好。

（6）载带的焊点的拉力大。

（7）载带封装便于标准化和自动化生产。

载带自动焊接技术同样也具有一些缺点。

（1）载带自动焊接技术属于外围互连技术，芯片的焊盘下没有有源电路，限制了产品性能的进一步提升。

（2）封装尺寸随着引脚的数目增加而增加。

（3）载带自动焊接的生产基础设施设备相对较少。

（4）凸块需要委外加工。

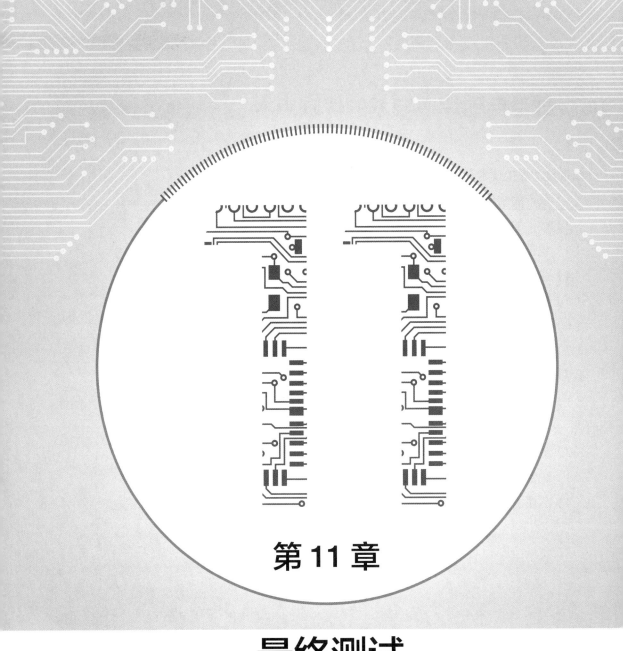

第 11 章

最终测试

最终测试（Final Test，FT）是芯片在完成封装之后进行的最终功能测试，通过自动测试设备（ATE）、分选机（Handler，用于拾取芯片进行测试）、负载板（Loadboard，为了测试芯片而专门设计的印刷电路板，连接测试机的资源信号经过测试座到达芯片的引脚）等硬件检测并剔除存在封装工艺缺陷和制造缺陷的芯片。最终测试包含芯片所有的引脚性能参数测试项目，补充了晶圆测试时未包含的功能测试项目。

前文中介绍晶圆测试时已经对测试相关的内容进行了介绍，本章主要就与晶圆测试不同的内容进行重点说明，重复部分如测试机、测试板卡资源模块、测试原理等不再赘述。

最终测试的对象是封装成品，即已经封装完成的芯片，需与晶圆测试时的裸芯区别开来。晶圆测试使用探针台承载晶圆进行测试，而最终测试使用分选机进行测试。分选机必须与测试机相结合（相结合的动作也称 Mounting，是搭载互相连接的意思），需要连接连接线（Interface）才能测试。测试的过程中分选机将待测芯片抓取放入测试座（Socket），而后接触的压头（Contact Pusher）下压，使待测芯片的引脚与测试座的接触针脚正确接触后，送出开始信号，通过连接线传递给测试机，测试结束后测试机送回 Binning（芯片测试后的归档分类）及 EOT（测试的结束信号），由分选机的机械手进行芯片分类（分 Bin）动作。

分选机是承载待测芯片并进行测试的自动化执行机构，其作用是将待测芯片从盛放芯片的标准容器内拾取并传送到测试机的测试头进行测试。测试的结果从测试机传到分选机，分选机依照芯片的电性测试结果分类（即产品的分 Bin 过程）。此外，分选机有升温降温的装置，提供待测芯片测试时所需要的测试温度，降温时依靠氮气快速降温。不同的分选机、测试机的搭配，其测试效果也不同。测试机一般会有多个测试头，个数视测试机的机型规格而定，一个测试头可以连接一台分选机，因此一台测试机可以同时和多台分选机相连。而分选机依照连接的方式不同可以分为平行处理和乒乓处理。平行处理指的是一台测试机连接多台分选机以相同的测试程序测试同一批次的待测芯片，而乒乓处理指的是一台测试机连接多台分选机以不同的测试程序同时测试不同批次的待测芯片。

最终测试设备结构如图 11.1 所示，其中测试机的测试头是一个关键部分，连接了负载板、测试座及待测芯片。测试头的结构因测试机类型的不同而有所不同，有些测试机会将测试头单独分离出来，便于和分选机连接；有些测试机没有将测试头单独分离出来，而是集成在测试机内，测试时通过连接线连接到分选机。分选机的机械手负责芯片的拾取和放置。测试头和分选机都是通过连接线与测试机相连。

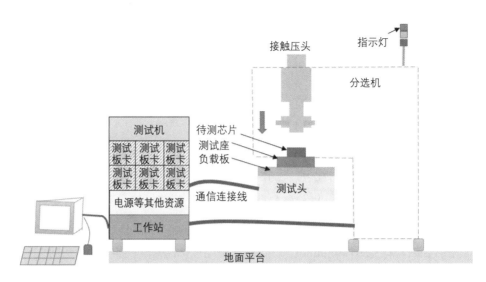

图 11.1　最终测试设备结构

分选机实现对封装后芯片的功能参数测试、对芯片的分类归档、激光打印标记、打印标记的检测、封装外观尺寸的检测和编带包装。当前市面上的五大分选机品牌是 Delta Design（COHU）、Advantest、Multitest（Xcerra/ COHU）、Seiko Epson、Ismeca Semiconductor（COHU），合计市场份额占 70% 以上。表 11.1 所示是市面上主要的分选机型号。

表 11.1　市面上主要的分选机型号

品牌 / 制造商	型号	特点
Rasco	SO2000	体积小，适用于测试分立芯片
Chroma	3110TT	可以执行三温测试
Ismeca Semiconductor	NY20	拥有 8 个测试站点
Ismeca Semiconductor	NY32	拥有 16 个测试站点
Delta Design	MATRiX	拾取和放置速度快，可以给 2~51mm 尺寸的封装产品提供 1600UPH
Delta Design	EDGE	拾取和放置分选机，广泛应用于多测试站点的 SOC 产品测试
Delta Design	Summit	专门应用于大功率芯片和低温测试场景
Delta Design	Castle	价格低廉，UPH 不是很高
Multitest	8704	适用于 SSOP28 的封装测试
Multitest	M9918	三温重力式分选机，可以 8 个测试站点并行测试，产出高
Multitest	M9928	是 M9918 的升级版，被广泛使用
Multitest	M9320	是 M9320xx 系列重力式分选机的最后一个型号，使用非常灵活、快速、方便
Multitest	M9308	自 1995 年推出以来，一直是一款非常受欢迎的重力式分选机
Advantest	M6242	是 Advantest 最高产出的内存分选机，UPH 达到 42200，可与 T5503 测试机搭配使用

续表

品牌 / 制造商	型号	特点
Advantest	M6300	2005 年推出，通常和 T5588 测试机的 256 个测试站点搭配使用
Advantest	M6542AD	是一款流行的内存分选机，通常与 T5593 或 T5377 测试机搭配出售
Seiko Epson	NS-8000	是广受欢迎的系列中的最新型号，具有高产出和很宽的选择项
Seiko Epson	NS-7000	NS-7000 系列提供了多种型号，具有不同的产出、输入 / 输出模块和不同的测试站点数
Seiko Epson	NS-6000	NS-6000 系列提供了多种型号，具有不同的产出、输入 / 输出模块和不同的测试站点数。高速运行，测试稳定

这里介绍一个概念——UPH（Unit Per Hour，每小时产出的芯片数）。UPH 是生产测试中很重要的一个效率指标。分选机的机械手在取放芯片操作时需要一定的时间，芯片的测试过程是在测试端施加输入信号，然后进行待测芯片的测试，输出端采集测试信号经过比较后输出测试结果。因此即使测试时间为 0s，设备最高产出也有上限。

改善 UPH 的方式有以下两种。

（1）选用 Index Time 较短的分选机。Index Time 指的是一颗芯片测试完成后，机械手换到另外一颗芯片需要花费的时间。

（2）芯片并行测试，若分选机的 Index Time 为 10s，测试程序的测试时间小于 10s，则 UPH 最高为 3600÷10=360。一般在新产品导入阶段测试时需要了解产品的测试时间，然后进行换算得出测试成本和预估产能。

分选机类型因作业模式及对应产品的不同而不同，主要的类型有重力式分选机（Gravity Handler）、转塔式分选机（Tower Turret Handler）、抓放式分选机（Pick & Place Handler）三类。

11.1 重力式分选机

重力式分选机如图 11.2 所示，重力式分选机的工作原理是将待测芯片从分选机的顶部或上部装载到测试头，测试结束后，使用在作业前已经插好的导管（Tube）在分选机的下部接收测试后的芯片，分选机按照测试的项目归档，将芯片分类成不同的测试 Bin，可以进行加温测试。重力式分选机对于分立芯片的测试效率比较高。目前它的市场份额占比相对较少，主要应用于大封装的分立芯片。芯片的上料装载和收料包装都使用导管。

重力式分选机的结构相对比较简单，性能稳定可靠，维修处理简单方便，占地空间小，高度适中，符合工人的正常生产操作，性价比较高。

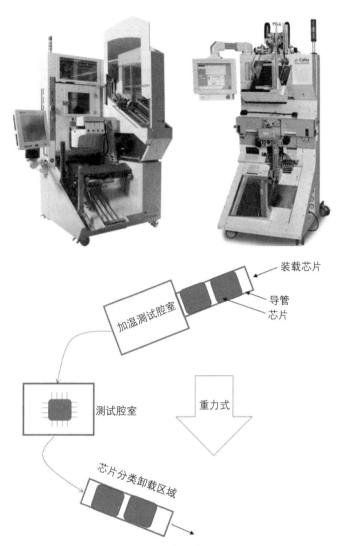

图 11.2　重力式分选机范例及原理图

表 11.2 所示为主要的重力式分选机型号，其中 Rasco 和 Multitest 品牌占主要的市场份额。

表 11.2　主要的重力式分选机型号

品牌 / 制造商	型号	特点描述
Rasco	SO2000	体积小，适用于测试分立芯片
Multitest	8704	适用于 SSOP28 的封装测试
Multitest	M9918	三温重力式分选机，可以 8 个测试站点并行测试，产出高
Multitest	M9928	是 M9918 的升级版，被广泛使用
Multitest	M9320	是 M9320xx 系列重力式分选机的最后一个型号，使用非常灵活、快速、方便
Multitest	M9308	自 1995 年推出以来，一直是一款非常受欢迎的重力式分选机

11.2 转塔式分选机

转塔式分选机及主转塔部分如图 11.3 所示。转塔式分选机可以提供多个测试站（Test Station），满足同时测试多颗芯片的需求，集激光打印、自动外观检视、自动包装等多种功能于一体，简化了生产加工的流程，是在最终功能测试环节中使用量最大及功能最全的设备。

图 11.3　转塔式分选机及主转塔部分

转塔式分选机的转盘结构由主转盘和副转盘两大部分组成。如图 11.4 所示，主转盘包含上料、电性能测试、旋转、方向判别定位、强制排出、编带包装、不良品回收、3D 图像检测工位。副转盘包含激光打印标记和标记图像检测工位。

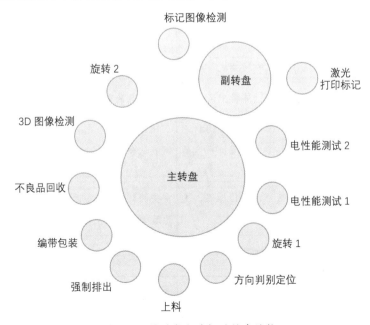

图 11.4　转塔式分选机的转盘结构

转塔式分选机有几个甚至十几个工位。主转盘安装有和工位数相同的吸嘴，吸嘴连接气动系统，工作时由吸嘴吸住芯片，主转盘按照固定的顺序转动。芯片通过上料装置被传送到主转盘上，主转盘的吸嘴吸取芯片传送到下一个工位。主转盘每转动一格，都会将芯片传送到工位上进行对应的加工处理，并同时进行多颗芯片的测试和加工。

转塔式分选机的主要组成部分及功能如表 11.3 所示，主转盘是转塔式分选机的核心部件，它的运行速度、转动精度、振动幅度决定了转塔式分选机的生产效率和稳定性。上料工位是转塔式分选机的开始工位，上料工位是否正常传送待测芯片决定了转塔式分选机的稳定性。电性能测试、3D 图像检测、激光打印标记工位都属于测试处理加工的工位。方向判别定位和旋转工位属于配合测试的辅助工位。编带包装、不良品回收工位属于回收处理单元，处于分选工序的末端，按照测试的结果归档实现最终的产品分选回收处理。

转塔式分选机中只有主转盘和上料工位是唯一的，其余的工位都可以根据产品的特性需求进行选择和设置。例如，可以增加多个测试工位，在单位时间内完成多颗芯片的测试，以提高转塔式分选机的测试效率。

表 11.3 转塔式分选机的主要组成部分及功能

名称	数量	主要组成部分	功能说明
主转盘	1	旋转驱动、升降驱动、主转盘、吸嘴、气动部件	传送芯片。由气动系统使用吸嘴将芯片吸住，每次转动固定的角度，将芯片传送到不同的工位进行处理
上料	1	震动料斗、导轨、上料装置、气动部件	将离散的芯片快速连续地传送到主转盘上
3D 图像检测	按需选择	工业控制机、摄像单元、摄像支架	检测芯片的外观和打印标记是否达到质量要求，包括 2D 打印标记检测和 3D 芯片外观检测。检测芯片的方向及辅助功能
激光打印标记	按需选择	激光打标机、控制机、支架	在芯片的封装顶面打印标记信息
电性能测试	按需选择	测试站基座、连接测试机	测试产品的电性能
编带包装	按需选择	载带运行装置、盖带运行装置、加热塑封装置、带盘的驱动和裁剪装置	将测试合格的芯片按照一定规格的数量编入卷带
旋转	按需选择	旋转驱动单元、传感器、支架	重要的辅助工位，改变芯片在主转盘吸嘴上的方向，为后面的工位对芯片进行处理提供条件
方向判别定位	按需选择	定位基座、传感器	对吸嘴上的芯片进行位置矫正
不良品回收	按需选择	收料桶、传感器、气动部件	回收测试失效的芯片

激光打印标记是利用激光产生的能量在封装体的正面将需要的文字信息打印雕刻出来，如图 11.5 所示。打印的电流、频率、速度和限制四个主要因素决定了激光打印标记的质量。

（1）电流：控制输出功率的大小，输出功率和标记打印的深度成正比。

（2）频率：控制打印头在单位时间内打印出的点数，频率越大打印出来的字体平坦度越好。

（3）速度：激光移动的速度，和打印的深度及打印的频率成反比。

（4）限制：当激光的出光能量过大时，会产生抑制的作用。

图 11.5　激光打印芯片标记示意图

转塔式分选机的关键机械结构主要包含四大部分：主转盘、升降运动的实现、上料工位、编带包装工位。

（1）主转盘：主转盘结构示意图如图 11.6 所示，主转盘的运动实现的功能主要有两项，第一项功能是送料，指的是按照固定的方向快速精确地转动固定的角度将芯片传送到相应的工位。第二项功能是吸料，通过气动系统将芯片吸起或放下，要求在主转盘快速转动时芯片不可以从吸嘴掉落。

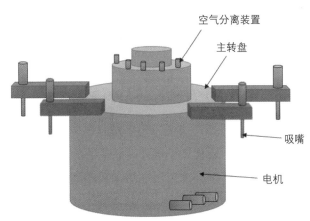

图 11.6　主转盘结构示意图

当前的主流机型一般采用直驱伺服电机驱动主转盘转动。直驱伺服电机具有力矩大、精度高的特点，并且不需要减速装置。

吸料功能由吸嘴和气动系统联合实现。直驱伺服电机通过内部的中空转子和主转盘相连接，电机驱动主转盘转动。每一个吸嘴对应一个单独的工位，每个工位配备有负压回路，吸嘴的真空气管先与空气分离装置相连，再与总负压气管相连。空气分离装置分为内圈和外圈两个部分，外圈的气孔和吸嘴上的真空气管相连，内圈的气孔和气动系统的总负压气管相连。空气分离装置的气孔安装时要与工位的安装位置相对应。空气压缩装置处于开启工作状态，使吸嘴处于持续的吸气状态，当主转盘转动，吸嘴吸取芯片时，空气分离装置的外圈随着主转盘一起转动，内圈不转动。内外圈的气孔不相互连通，但是吸嘴到外圈段的气管负气压小于外界气压，芯片被持续吸附在吸嘴上。

（2）升降运动的实现：指的是吸嘴吸起芯片后随着主转盘的转动将芯片传送到指定的工位，将芯片下降放置到工位进行加工处理。每个工位都是独立工作的，因此每个工位也都配置单独的驱动电机进行升降驱动。

（3）上料工位：如图11.7所示，上料工位也是转塔式分选机的一个主要的工位，实现自动上料和离子风扇去除静电的功能。它主要包含四个部分：振动料斗、送料轨道、芯片分离装置和去静电风扇。

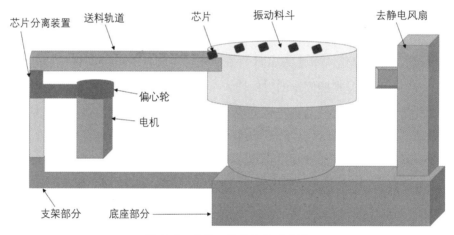

图11.7 上料工位的结构示意图

振动料斗是自动送料的单元，实现自动定向的送料。振动料斗的结构简单、能耗少、不易损伤芯片、速度快且比较容易调节，适用于小尺寸封装的芯片。

芯片经过振动料斗的光电气动检测处理后，在振动料斗的高速扭动作用下进入料斗的边缘槽内，再由料斗边缘槽送入送料轨道中。送料轨道通过吹气将芯片送到芯片分离装置，芯片分离装置将芯片吸取并传送到主转盘的吸嘴下方。

（4）编带包装工位：如图11.8所示，编带包装工位是转塔式分选机的重要工位，也是结构最复杂的一个，用于实现将芯片完整地包装到卷带之中。

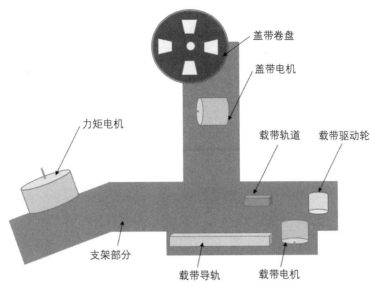

图 11.8　编带包装工位的结构示意图

如图 11.9 所示，包装芯片的卷带由两部分组成，一部分是载带，载带上分布着用于盛放芯片的标准尺寸的凹槽，还均匀分布着用于穿入短针的针孔，由电机驱动载带的传送运转；另一部分是盖带，它是一层透明的塑料薄膜，宽度等于载带的宽度，当运转到编带包装工位后机器将盖带和载带热压黏结到一起，将芯片包住使其不会散落。

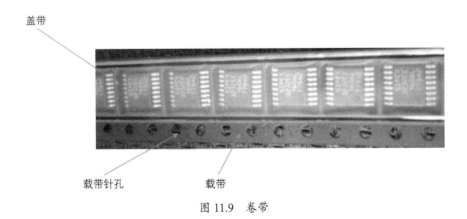

图 11.9　卷带

典型的转塔式分选机工作单元部分如图 11.10 所示。编带包装工位需要完成的主要动作是升降送料、驱动载带、下压热封、载带裁剪、料盘驱动。其执行过程是升降机下压将芯片放入载带的凹槽中而后上升，载带转动一格，热封机下压将盖带和载带黏结到一起。同时，另外一端驱动料盘装载芯片，使载带一直保持绷直的状态而又不会被拉断。当机器设定的产品数量生产结束后，裁剪装置会将载带剪断。

载带通过导轨被穿入转塔式分选机的编带包装工位中，载带驱动轮上分布有均匀的短针，短针穿进载带的针孔后，电机驱动载带在料轨中移动。

下压热封由气动装置、凸轮和直驱伺服电机进行驱动。热封前，气动装置将热压头下压，使其和凸轮相互接触并保持一定的压力。热封时，直驱伺服电机控制凸轮的旋转，热烫头快速地下压或顶起以实现快速的热封。

载带的裁剪由气动系统实现，气动系统驱动的裁剪力道比较大且价格实惠。料盘的驱动需要使用驱动力矩不变的直驱伺服电机。

典型的转塔式分选机如图 11.10 所示，转塔式分选机的基本工作流程有如下 5 个步骤。

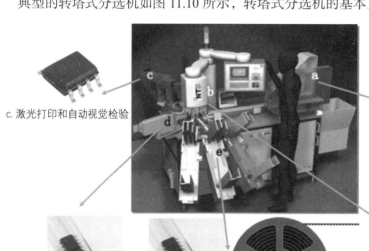

c. 激光打印和自动视觉检验

a. 装载待测产品

d. 不良品分类回收　　e. 良品按照不同的包装需求进行包装　　　　b. 多个工位测试

图 11.10　典型的转塔式分选机

（1）将装在塑料管中的待测产品装载到转塔式分选机。

（2）待测产品通过送料轨道传送到主转盘转塔，再由主转盘传送到各个工位进行测试加工，每个工位都有单独的通信接口。

（3）对于测试合格的产品，用激光在封装体的顶部打印标记，再通过光学镜头对产品的外观引脚进行自动视觉检查。自动视觉检查主要检查芯片的正印，引脚的对称性、平整性及共面度。这部分作业使用激光扫描的方式进行，有时也会由人工检验。

（4）对于测试不良的产品，根据首次失效的测试项目进行分类。不良品需要装入不良品回收容器之中。

（5）将合格的芯片传送到导管槽，按照不同的包装出货要求，将芯片装入塑料管中或用卷带进行打卷包装。

11.3　抓放式分选机

抓放式分选机在生产时，芯片被分选机的机械手抓取，平移到设定的位置后放置，因此也被称作平移式分选机。一般引脚数量较多且封装尺寸较大的芯片需要使用抓放式分选机，如图 11.11 所示。抓放式分选机生产前必须与测试机相连接或对接（Docking），并且连接界面板（Interface Board）之后才可以进行测试。表 11.4 所示是使用比较多的抓放式分选机的型号。其中，Advantest 和 Seiko Epson 品牌占据大部分市场份额。

图 11.11　抓放式分选机

表 11.4　抓放式分选机的型号

品牌 / 制造商	型号	特点描述
Advantest	M6242	是 Advantest 产出最高的内存分选机，UPH 达到 42200，可与 T5503 测试机搭配使用
Advantest	M6300	2005 年推出，通常和 T5588 测试机的 256 个测试站点搭配使用
Advantest	M6542AD	是一款流行的内存分选机，通常与 T5593 或 T5377 测试机搭配使用
Seiko Epson	NS–8000	是一个广受欢迎的产品系列，该系列包含多种型号，具有不同的产出、输入 / 输出模块和测试站点数
Seiko Epson	NS–7000	NS–7000 系列包含多种型号，具有不同的产出、输入 / 输出模块和测试站点数
Seiko Epson	NS–6000	NS–6000 系列包含多种型号，具有不同的产出、输入 / 输出模块和测试站点数。高速运行，测试稳定

如图 11.12 所示，抓放式分选机执行的顺序是先将芯片装载进机台，然后确认是否要做高

温测试，最后进入测试环节。测试机将测量信号提供给测试座上的芯片，测试完成后的芯片被传送到另一侧的卸载区。

首先，待测芯片被放置在托盘上，托盘位于装填器区域，通过载入臂将芯片载入放置口袋中。如果需要做高温测试，还需要将芯片在加热盘中加热到设定的温度。然后，芯片被送入测试座位置，待测芯片的引脚与测试座的金属引脚正确接触后，测试机送出开始测试的信号，当测试完成后，测试机送回分类信息及测试结束信号，分选机进行芯片分类。测试座可测试的芯片数量视分选机的配置而定，不同的分选机可以同时测试的芯片数量不同。测试完成的芯片被传送到芯片载出放置口袋后被传送到卸载区的托盘中。如此循环往复地完成芯片的传送与测试。

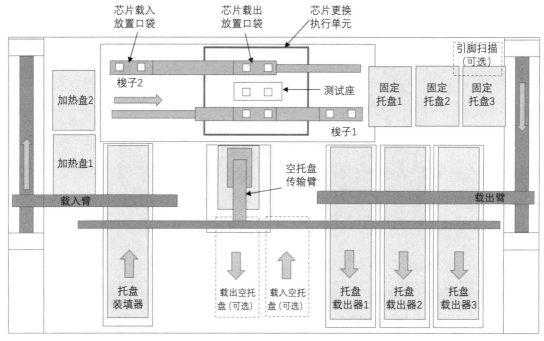

图 11.12　抓放式分选机操作执行示意图

芯片的吸取和放置到测试座通过抓放式分选机的吸头（吸嘴）完成。如图 11.13 所示，吸头是抓放式分选机重要的执行部件，吸头的数量视分选机的配置而定。

如图 11.14 所示，为了对测试后的芯片进行合理的分类放置，分选机按照载出托盘的排列数分成不同的测试 Bin 区域。例如，将第 1~3 排定义为 Pass Bin/Bin1（良品）；将第 4~6 排定义为 Fail Bin / Bin2,3,4,5（不良品）；将第 7 排定义为空行，不放任何芯片；将第 8~12 排定义为待重测，当正常测试结束后需要重测芯片。

图 11.13　抓放式分选机吸头

图 11.14　载出托盘 Bin 的分类示例

这里的 Bin 都指的是机器 Bin，便于机器对不同类别的芯片进行分类处理。

如表 11.5 所示，三种分选机有各自的特点，分选机的结构、价格、应用都有所不同，按照芯片的生产需要和性价比选用即可。

表 11.5　三种分选机的特点

项目	重力式分选机	转塔式分选机	抓放式分选机
工作原理	芯片依靠重力下落到测试腔室	转动加工的工位，完成系列加工处理工作	拾取芯片放置到测试的工位
UPH	10000~15000	30000~50000	10000~20000
对应的封装特点	较大尺寸的封装	要求芯片体积小、重量轻	不限制封装类型
芯片尺寸	$2mm \times 2mm$~ $21mm \times 21mm$	$0.6mm \times 0.3mm$~$12mm \times 12mm$	$0.5mm \times 0.5mm$~ $70mm \times 70mm$
封装类型	TO、DIP、SOIC	分立式芯片、SOT、QFP、QFN 等	BGA、CSP
测试时间	–	20ms 左右	>100ms
优点	结构简单，价格便宜	产出高，多功能集于一体	兼容性好，可以并行测试，适用于先进封装和功能复杂的芯片
缺点	封装类型限制比较多	–	设备价格高，产出一般
市场应用比例	5%	40%	55%

11.4 其他硬件和配件

最终测试的硬件和配件有负载板、测试站、测试座、Change Kit（更换的工具，在抓放式分选机中使用较多）、连接线（Cable）等，用于测试机与封装后的芯片进行物理连接。测试硬件需要依据产品的不同封装形式设计制作。设计时需要考虑测试平台的兼容性、连接的信号质量、测试效率及制作的成本。

负载板是一种连接测试设备与被测芯片的机械及电路接口，将测试机的资源连接到接有测试座的印刷电路板。它主要应用于芯片封装之后的最终测试，经过最终测试可以剔除功能不良的芯片，避免不良品被安装到整机后造成报废。负载板根据测试平台的不同而不同。

图 11.15 所示是 Advantest 93K 系列使用的一种 4 Site 负载板，它可以同时测试四颗芯片。

不同类型的测试机有着不同形状的负载板。负载板一般有两个端口，一个端口连接测试机的测试资源，另一个端口则连接测试座。连接方式包括通过串口连接、通过线缆连接及互相组合装配连接，其最终目的是实现测试资源的分配与转换。

负载板上一般还会安装以下部件以满足调试验证和生产测试的需求。

图 11.15　Advantest 93K 系列 4 Site 负载板

（1）用于待测芯片测试使用的测试座。

（2）测试机的接口垫。

（3）加强筋，增加机械强度，保持电路板良好的水平度。

（4）按照负载板电路设计的要求安装的某些组件或电子元芯片（电阻、电容、继电器及其他芯片等）。

（5）用于调试的连接器。

负载板的设计是前期硬件设计的重要环节，使用电子线路板设计软件进行设计，如图 11.16 所示，主要包括电路原理图设计、PCB 设计两部分。在电路原理图设计仿真都没有问题后，发给印刷电路板供应商进行加工生产，当拿到加工完成的电路板后进行调试验证，在调试正常后开始生产。

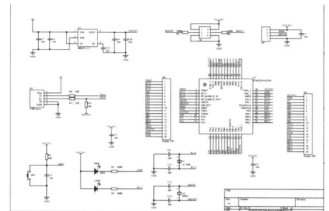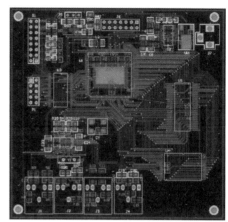

图 11.16　电路原理图设计、PCB 设计范例

在设计电路原理图前需要对芯片性能进行理解，确定测试机和分选机的型号，建立元件及封装库，考虑同系列多种芯片的兼容方案，区分数字信号接地、模拟信号接地、功率信号接地、小信号接地，部分引脚考虑 Kelvin（开尔文）连接，使用接插件时在通过大电流的地方多用几根插件针等。

关于印刷电路板设计时的布局布线：根据测试机、分选机、测试座的不同确定印刷电路板的形状和大小及外围元器件的放置；需要将模拟信号、数字信号、大电流、小电流分开布置，电路板走线需要保持最短，布局要考虑便于焊接调试及后续的维修，注意电源线的粗线和短线设计，模拟电源和数字电源分开，注意关键信号线的屏蔽，如时钟信号和高频信号。

关于测试点及铺铜：原则上每条网格都应该有自己的测试点，测试点的引线要尽量短，地线和电源线要多加测试点；模拟地、数字地、功率地、信号地铺铜时需要分开。

关于丝印的标注及命名：标注元器件的引脚名称都需要具有实际的意义，最终测试的印刷电路板需要有 Pin1（第一脚）的位置标识，印刷电路板上印有名称、公司商标和日期等，在空间允许的情况下可以加注测试机、分选机的名称等信息。

关于印刷电路板加工工艺的说明：标注电路板加工的层数、大小、厚度，不同种类的分选机对电路板厚度的要求不同；标注材料和需要加工的数量，以及镀金、沉金、镀锡等其他的特殊说明。

如图 11.17 所示，负载板信号的完整性受到整个信号环路的影响，尤其是在高速信号下运行时，因为整个信号环路是相互连通作用的，有来自测试机发出的测试信号的影响，来自测试头的弹簧针组与设备接口板的接触的影响，来自信号在印刷电路板中通过时受到走线长度、微带线、带状线、电介质等的影响，同样，印刷电路板上的电子元器件如电阻、电容、电感、继电器也会带来不同程度的影响，当信号到达待测芯片后，芯片与测试座的金属接触垫都会产生不同程度的影响。

因此，需要在设计负载板时对系统进行周密考虑和精心布局，在负载板预布局时就对关键的部分进行仿真，通过仿真寻找最佳的布局，在完成布线后还要再次进行仿真，对于效果达不到要求的网络，分析无法达到要求的原因并针对性地改进。

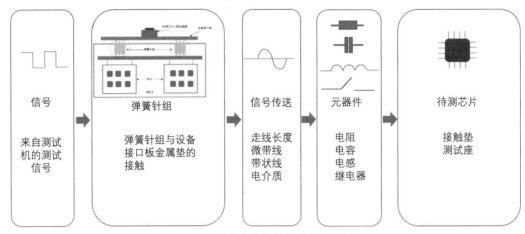

图 11.17　影响负载板信号完整性的因素

如图 11.18 所示，测试座是测试时盛放待测芯片的插座部件，是比较精密的机械加工产品。测试座按照芯片的封装尺寸定制出一定形状的凹槽用于放置芯片，凹槽底部安装金属探针与芯片引脚进行接触连接。

图 11.18　测试座

测试座的结构示意图如图 11.19 所示。测试时芯片被放置在限位框内，探针起到关键的电气连接作用，从负载板连接信号到芯片的引脚端。手测旋钮盖在手测验证时使用，用于盖上并压紧芯片，机器自动测试时则不需要使用。

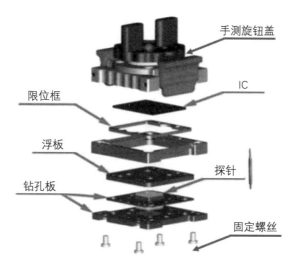

图 11.19　测试座的结构示意图

测试座上不同的探针接触芯片示意图如图 11.20 所示。如果芯片测试接触的是焊垫则使用尖头针，如果芯片测试接触的是焊球则使用爪头针（也称为皇冠针）。

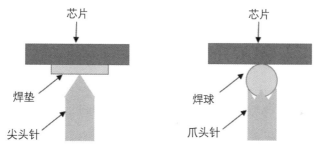

图 11.20　测试座上不同的探针接触芯片示意图

在购买和制作测试座时，一般需要提供如下信息。

（1）芯片的封装尺寸和结构。

（2）芯片的测试要求，如芯片的工作频率、工作电流，是否需要匹配阻抗等。

（3）如果单独进行老化测试，需要提供老化测试的相关条件，如测试时间、测试温度和其他的环境要求。

印刷电路板上的测试座结构示意图如图 11.21 所示。测试座直接安装到印刷电路板上时，使用螺丝进行固定连接将方便组装和拆卸，如果通过焊接固定，出现损坏需要换新时则比较麻烦。

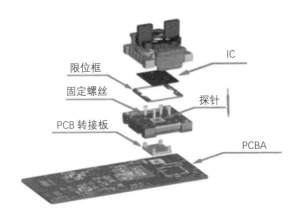

限位框

IC

固定螺丝

探针

PCB 转接板

PCBA

图 11.21　印刷电路板上的测试座结构示意图

图 11.22 所示为连接线，用于连接测试机、分选机及工作站，有 RF 射频线、通信数据线、电源线、网线、气管连接线、接地线等。

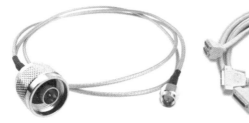

图 11.22　连接线

Change Kit 是测试时需要经常更换的治具，安装于分选机上，不同型号的分选机需要搭配不同的 Change Kit。分选机更换不同的 Change Kit 才可以测试多种封装的产品，特别是抓放式分选机使用 Change Kit 最多。Change Kit 的组件包括加热板（Hot Plate）、码头板（Docking Plate）、梭子（Shuttle）、接触器（Contactor Set）等。

图 11.23 所示为加热板，其功能是加热需要测试的产品，以达到测试要求的温度。

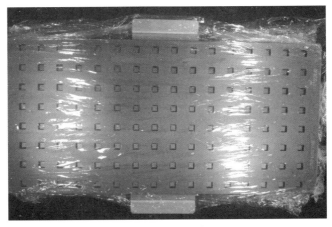

图 11.23　加热板

图 11.24 所示为码头板，它是分选机与测试机的连接部件。因为不同产品的测试座的尺寸形状不同，需选择相应的码头板，在生产测试之前需要根据测试座的不同而设计制作码头板。

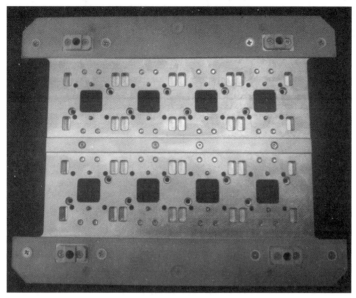

图 11.24　码头板

图 11.25 所示为梭子。它的功能是将待测试的芯片由托盘或加热板传送到测试区，或是将已测试完成的芯片传送至载出托盘。部分测试机的梭子还有加热功能，以保持芯片的温度。

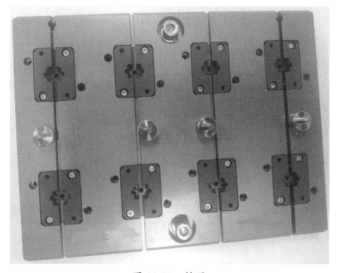

图 11.25　梭子

图 11.26 所示为接触器，它安装在测试臂（Test Arm）上，从梭子取料并传送至测试座中。接触器在测试过程中提供稳定的压力，使芯片和测试座之间保持紧密接触。

图 11.26　接触器

11.5　测试使用的包装材料

芯片在测试前和测试后都需要放置并包装到一定的容器之中，方便生产作业及后续的搬运。测试过程中承载芯片的包装材料主要有托盘、导管、卷带，都需要按照芯片的封装尺寸专门定制。

如图 11.27 所示，托盘是在芯片封装测试作业时盛放芯片的塑料托盘，使用托盘的芯片封装形式有 BGA、QFP 等。托盘主要被应用于抓放式分选机的测试过程中，用于将芯片载入机台及盛放测试完成的芯片。

图 11.27　托盘

图 11.28 所示为导管，它主要应用于 SOP8 及以上大尺寸封装芯片的生产和包装。在重力式分选机的测试过程中使用比较普遍。

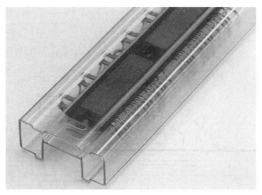

图 11.28　导管

　　图 11.29 所示为卷带，在转塔式分选机的测试过程中使用比较普遍，芯片经过测试打标后将被打卷包装。卷带一次包装的芯片数量较多，便于后续对芯片进行表面贴装生产。

图 11.29　卷带

第 12 章

系统

系统是按照一定的逻辑顺序组织编写的一系列计算机指令的集合。这里着重讨论半导体封装测试及数据管理系统。系统可以实现新产品导入、卡关设定、流程卡制作、流程监控、数据统计分析处理、数据存储等功能。

当一家企业处于起步阶段时，因为规模小、产量少、产品种类少等原因，可能暂时不会使用系统，但是当产品种类和生产规模都扩大到一定规模后就需要购买、开发和使用系统进行专业、精细化的工作。现在的系统一般都是根据用户需要的功能进行模块化整合开发，因此每家企业所使用的系统都会有一定差异。

质量、时间、成本和服务是制造业关心的问题。随着社会化大生产向着高度集成、大数据和智能化发展，集成制造可以使产品拥有高质量、低成本、交货周期短等优点，从而提高企业的综合竞争力及在错综复杂的环境中的应变能力。

最为典型和完整的系统是半导体 CIM（Computer Integrated Manufacturing，计算机集成制造）系统。如图 12.1 所示，底层的生产设备自动化系统、测试管理系统、故障检测控制系统和设备综合效率系统等，中间层的制造执行系统、品质管理系统、仓库管理系统、各类报表等，高层的企业资源管理系统、供应链管理系统、产品生命周期管理系统、办公自动化系统，共同组成了完整的半导体制造企业的生产和运营系统。

对于芯片封装测试来说，主要涉及的是设备自动化系统、测试管理系统、制造执行系统。

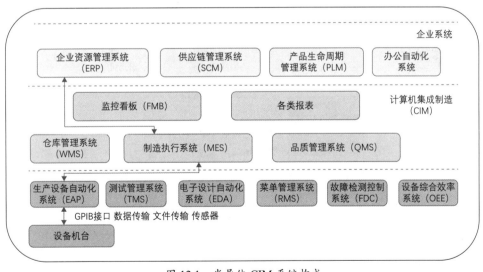

图 12.1　半导体 CIM 系统构成

在芯片封装测试阶段会产生和保存大量数据，尤其是在晶圆测试、最终测试阶段，每个批次的每颗芯片在测试完成后都会产生通过或失效数据，产生的数据需要上传到系统进行分析查看，由产品测试工程师确认是否需要重测或处理 Hold Lot（因异常原因暂时扣留的批次），最后将数据保存为相应的文件格式传送给客户或相关部门。

晶圆测试会产生封装前裸芯的通过和失效数据，如图 12.2 所示。而最终测试会产生封装后芯片的通过和失效数据，如图 12.3 所示。

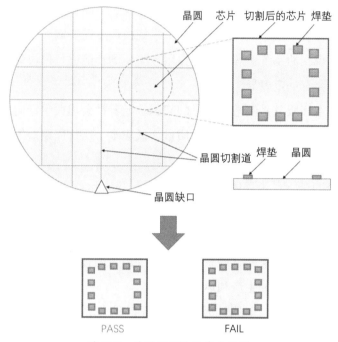

图 12.2　晶圆测试阶段产生数据

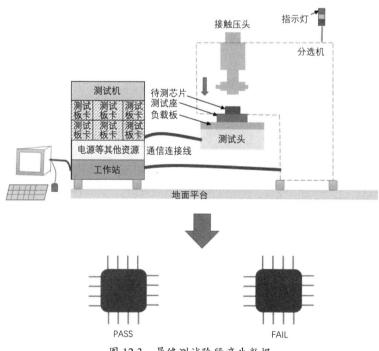

图 12.3　最终测试阶段产生数据

晶圆测试数据包含芯片测试的坐标信息、Bin 分类信息、Site/DUT 信息、测试项的测试值及测试时间等。最终测试数据包含芯片的 Bin 分类信息、Site/DUT 信息、测试项的测试值及测试时间等，最终测试包含晶圆测试中未包含的一些测试项目，如果安排重测还会产生重测后的数据。

12.1 设备自动化系统

设备自动化系统是计算机集成制造系统最底层的系统，也是最为关键的系统之一。如图 12.4 所示，所有的生产数据、生产过程和设备的数据都由设备自动化系统进行收集，而后传送给制造执行的服务器。

图 12.4　设备自动化系统架构

制造执行系统通过这些数据对产品和设备进行监控和跟踪。设备自动化系统通过 SECS 国际标准协议（SEMI Equipment Communication Standard，该协议是半导体设备必须遵循的一种国际通信协议）与设备进行通信、传输数据、控制设备按照预先定义的生产流程进行加工，对设备进行远程控制和状态监控，实现设备的自动化运行。

设备自动化系统为其他系统提供所需要的数据源，如产品数据、品质数据、生产线的状态、材料状况和机台实时状态等。这些数据是企业管理层进行管理、规划和决策所必需的。

设备自动化系统的主要功能如下。

（1）物料状态跟踪：实时对正在设备上加工的物料状态进行跟踪监控。

（2）警报管理：当设备出现故障警报时，将警报信息及时传达给相应的设备工程师以便及时处理异常。

（3）设备状态监控：实时监控设备的状态是处于运行、空闲或是维护等，以便合理、有效利用设备，提高设备的利用率。

（4）配方管理：设备在生产不同批次的芯片时，需要采用不同的配方。系统通过对每一批芯片的判断，指示设备采用相应的配方进行生产加工。

（5）数据采集：不间断地采集设备运行的参数，当参数偏离设定值并可能超出设定的范

围时，可以通过实时调整的方式修改参数，并不断地反馈和调整以确保生产正常进行。

（6）设备生产模式控制：按照实际需要控制设备的生产模式是自动生产模式还是手动操作模式。

 12.2 测试管理系统

测试管理系统一般指的是给芯片设计公司专门定制的系统。芯片设计公司需要对产品在封装测试的各个阶段进行精准的量化和跟踪处理，特别需要对晶圆测试和最终测试产生的大量数据进行分析研究，进一步分析产品的实际性能及工艺给产品带来的影响。通过晶圆测试数据可以验证晶圆制造带来的问题及晶圆测试本身的问题。通过最终测试数据可以验证封装带来的影响，并得到芯片最后的良率。因晶圆测试与最终测试的模式和使用的机台工具有所差异，其测试数据及观察点都有区别。测试管理系统根据不同公司的不同需求而变化，但是系统总的框架和功能比较相似。

如图 12.5 所示，测试管理系统的主要组成包括质量管控、数据监控、测试硬件及程序管理和数据分析。其中数据监控、测试及数据管理和数据分析可以归为数据管控部分。对于测试环节来说最为重要和关键的就是数据，数据可以说是测试阶段的一种无形的产品输出。

图 12.5　测试管理系统

质量管控：一般按照人、机、料、法、环进行管控。人指人员，是生产的执行和完成者，占首要位置。机指机器设备，是完成精细化封装测试必不可少的部分。料指材料，材料问题关系到实际中的很多问题，如芯片的来料异常、包装材料问题等。法即方法，是规则规范、操作手法、技术手段。环即环境，对芯片的生产制程也有很大的影响。芯片本身对环境的洁净度要求很高，曾经有半导体公司严格禁止女员工化妆后进入无尘车间，以防止芯片受到化妆品粉尘的污染，事实证明外来物确实会影响芯片的品质。一般用洁净度表示单位面积中颗粒数的多少。我们在进入无尘车间时常常会看到写有 100 Class 和 1000 Class 的无尘标识。100 Class 指的是每立方英尺内大于等于 $0.3\,\mu m$ 的灰尘颗粒不能超过 100 颗。1000 Class 指的是每立方英尺内大于等于 $0.5\,\mu m$ 的灰尘颗粒不能超过 1000 颗。在进入无尘车间前，工作人员需要按照规定穿戴好无尘鞋服在风淋室吹洗全身，进入生产线需要保持车间环境的干净整洁。

数据监控：芯片在进入量产阶段后会有很多的批次，每颗芯片都需要测试很多项目，有的芯片还会安排多道测试以甄别不同条件下异常的芯片。所以在测试后会产生海量的数据，为了改善测试效率并且在前期发现并处理问题，需要进行数据监控。将各个测试车间的数据获取后利用测试管理系统进行统计分析，及时发现异常并将问题高亮显示给相关负责人，解决相关的测试、封装或产品问题。

测试硬件及程序管理：晶圆测试和最终测试有着不同的测试硬件，晶圆测试的主要测试硬件及工具是测试机、探针台、探针卡、性能接口板、待测芯片板等。最终测试的主要测试硬件及工具是测试机、分选机、负载板、插座、测试站等。利用系统对这些硬件、配件、工具进行分类管理和验收、系统化操作归类更有利于查询和跟踪追溯。测试程序、规范、计划、检查清单是测试开发人员前期需要的技术文档。当开发的芯片更加复杂时所需要的技术文档更多，开发周期也更长，利用系统进行操作记录有利于开发人员及时查看、掌控项目的周期和开发的状态。

数据分析：测试数据在芯片完成测试后还只属于原始数据，为了便于分析，需要将数据的格式整理成系统可以处理的数据类型，量产测试的芯片数据的基本类型也被固定下来。数据整理完成后，系统会按照预先设定的数据和格式重新输出，此时从输出的内容可以比较直观地看出正常和异常的芯片状态，当发现异常后要追溯查明具体的原因，直至解决相关的问题。

12.3 制造执行系统

在封装测试过程中使用最多的是制造执行系统（MES，Manufacturing Execution System），它是一套面向制造企业车间执行层的生产信息化管理系统。如图 12.6 所示，制造执行系统可以为生产企业提供生产计划、生产执行、追踪管理、物料管理、品质管理、工程管理、数据采集、设备管理、基础信息管理、企业资源管理等功能模块。

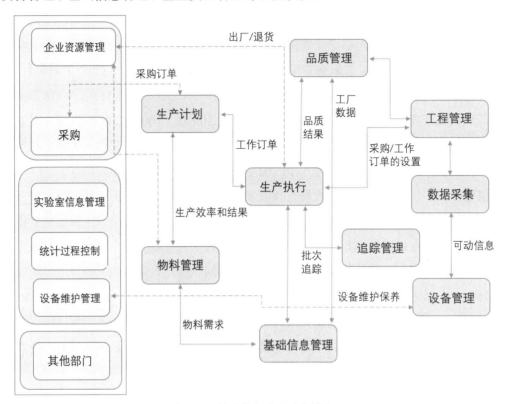

图 12.6　制造执行系统功能模块

制造执行系统具有如下特点。

（1）采用强大的数据收集引擎，整合各种数据采集渠道（射频识别、条码设备、可编程逻辑控制器、传感器、信息处理中心、计算机等），覆盖整个工厂的制造现场，保证现场海量数据被实时、准确、全面采集。

（2）打造工厂生产管理系统的数据采集基础平台，具备良好的扩展性。

（3）采用先进的射频识别、条码与移动计算技术，打造从原材料供应、生产、销售到物流的闭环条码系统。

（4）具有完整的产品追踪追溯功能。

（5）监控 WIP（在制品）的生产状况。

（6）具有即时的库存管理与看板管理功能。

（7）进行实时、全面、准确的性能与品质分析及统计过程控制。

制造执行系统与封装测试相关的主要功能模块如下。

（1）工程管理模块：图 12.7 所示为封装测试工艺流程，该模块提供方便灵活的界面，使用户可以创建需要的产品流程，通过相应的审批程序控制流程的完整性和安全性。此外，在设置和命名相应的工序段中融入可重复使用的因素，便于系统后期的拓展应用。该模块主要解决了生产管理部门在制造过程中对于复杂工艺流程的管理问题，包括制造工艺的规划阶段和工程阶段。在这些阶段中，采用系统本身的计划工具、运营过程仿真优化工具、工程应用工具、装配仿真工具、质量控制工具进行仿真和优化制造，同时还可以使用支持协同作业的工具等对整个工艺流程进行统一的监控和管理。通过与 CAD（Computer Aided Design，计算机辅助设计）、PDM（Product Data Management，产品数据管理）、ERP（Enterprise Resource Planning，企业资源管理）系统的集成和交互，实现对产品数据、工艺数据和资源数据的整合共享。

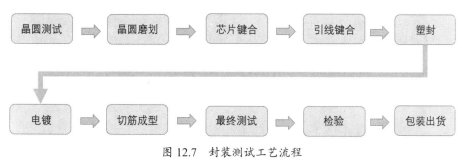

图 12.7　封装测试工艺流程

（2）生产执行模块：如图 12.8 所示，该模块注重生产执行，按照工程管理模块已创建的产品流程，同批次产品从第一个工序开始逐步在系统中流转，直至完成所有的工序后入库。现场操作人员完全按照系统的提示信息进行操作，机台设备下载菜单程序执行生产，排除人为管理诸多可能的操作错误，实现设备自动化生产。

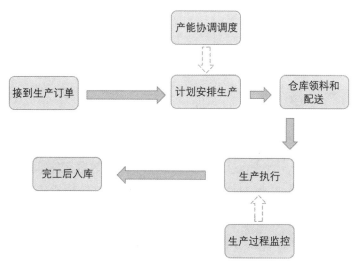

图 12.8　生产执行模块

（3）设备管理模块：如图 12.9 所示，设备管理模块的作用是方便用户对生产线上的各类设备进行监控管理，进而实现对生产区域内的设备状态的管理，包括设备稼动管理、设备生产参数收集与分析、设备运维管理、设备运营管理等。

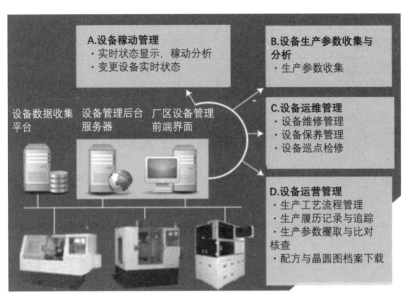

图 12.9 设备管理模块

（4）数据采集模块：制造执行系统的统计分析模块完成各种原始数据的收集并进行统计分析。发现异常后，系统会自动触发相应的事件，如扣留生产批次等。同时，系统会自动将某时间段内的参数用图形等形式表现出来，辅助工程师分析良率及工艺，以便尽快发现和处理问题。

（5）基础信息管理模块：该模块提供用户所需要的各种报表，包含在制品的分布报表、设备利用情况报表及产品的良率报表等。

12.4 数据文件传输

测试中产生的大量数据、测试的总结性文件、标准测试数据文件等需传送到数据库后再进行处理分析。FTP（File Transfer Protocol，文件传输协议）是比较好的远程传送数据方式，是TCP/IP（传输控制协议/网际协议）协议组中的协议之一。如图 12.10 所示，FTP 包括两个组成部分，其一为 FTP 服务器，其二为 FTP 客户端。其中，FTP 服务器用于存储数据文件，用户使用 FTP 客户端并通过 FTP 访问位于服务器上的文件资源。由于 FTP 传输的效率非常高，在网络上传输大文件时，一般采用该协议。

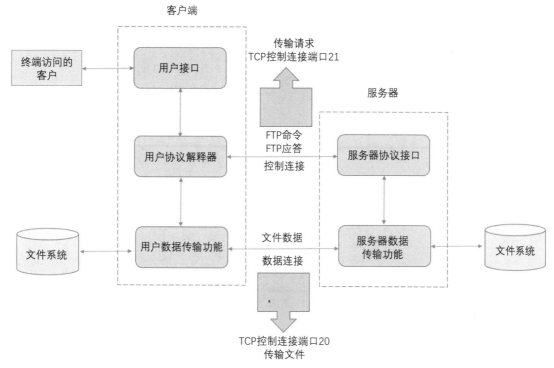

图 12.10　FTP 数据文件传输

FTP 传输数据文件的序列模式有两种，一种是文本模式，即 ASCII 模式，以阿斯克码文本序列传输数据；另一种是二进制模式，即 Binary 模式，以二进制序列传输数据。

FTP 传输的任务是将文件从一台计算机传送到另一台计算机，与这两台计算机所处的位置、连接方式、是否使用相同的操作系统没有关系。如果两台计算机可以通过协议对话，并且能访问网络，就可以用 FTP 传输文件。不同的操作系统在使用时有一些细微的差别，但是协议的基本命令是相同的。

默认情况下，FTP 使用 TCP 端口中的 20 和 21 两个端口，其中 20 端口用于传输数据，21 端口用于传输控制信息。但是，是否使用 20 端口作为传输数据的端口与 FTP 使用的传输模式有关，如果采用主动模式，那么数据传输端口就是 20 端口；如果采用被动模式，则最终使用哪个端口需要由服务器和客户端协商决定。

FTP 的工作模式有两种——被动（PASV）和主动（PORT），被动和主动的工作模式是针对客户端的计算机而言的。

如图 12.11 所示，主动模式的工作原理是客户端连接到服务器的 21 端口，输入用户名和密码登录，登录成功后列出列表或读取数据时，客户端随机开放一个端口（1024 以上），发送端口命令到服务器，告诉客户端采用主动模式并开放端口。服务器收到端口主动模式命令和端口号后，通过服务器的 20 端口和客户端开放的端口连接，发送数据。

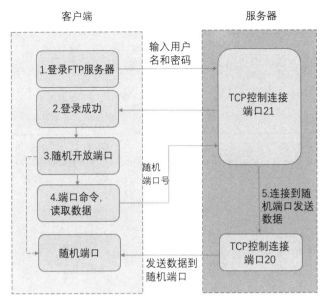

图 12.11　FTP 主动模式

如图 12.12 所示，被动模式的工作原理是客户端连接到服务器的 21 端口，输入用户名和密码登录，登录成功后列出列表或读取数据时，发送被动命令到服务器，服务器在本地随机开放一个端口（1024 以上），然后把开放的端口告诉客户端，客户端再连接到服务器开放的端口进行数据传输。

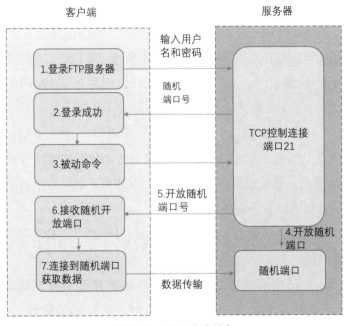

图 12.12　FTP 被动模式

主动模式和被动模式的区别概括起来有两点。

（1）主动模式传输数据时，服务器连接到客户端的端口，被动模式传输数据时，客户端连接到服务器的端口。

（2）主动模式必须令客户端开放端口给服务器，很多客户端都在防火墙之内，开放端口给服务器访问比较困难。而被动模式只需要服务器开放端口给客户端连接就可以。

需要注意的是，被动模式和主动模式的登录过程都是由客户端连接服务器。

绝大部分的访问都采用被动模式，因为大部分客户端都是在路由器后面，没有独立的公网 IP 地址，服务器想要主动连接客户端难度太大，在真实的互联网环境里几乎是不可能的。

在部署 FTP 服务器的时候，默认采用的是主动模式。如果企业 FTP 服务器的用户都是在内部网络中，即不用向外部网络的用户提供 FTP 访问连接的需求，那么采用默认模式即可。但是如果员工出差在外或在家办公时也需要访问企业内部的 FTP 服务器，出于安全考虑或公网 IP 地址数量的限制，公司往往会把 FTP 服务器部署在防火墙或 NAT（在专用网络内使用的专用地址）服务器的后面，此时就无法使用主动模式。

总之，在部署 FTP 服务器的时候是采用主动模式还是被动模式，只需要记住一个原则，如果把 FTP 服务器部署在防火墙或 NAT 服务器的后面，则采用主动模式的客户端只能建立命令连接而无法进行文件传输。如果部署 FTP 服务器后，系统管理员发现用户连接上 FTP 服务器后可以查看目录下的文件，但是无法下载或上传文件，排除权限方面的限制，很有可能就是操作模式选择错误。系统管理员告知用户选择合适的操作模式，基本上就可以解决文件传输的问题。

如图 12.13 所示，当访问者知道了 FTP 的网址、端口、用户名和密码信息后，使用 FTP 连接软件就可以正常访问服务器的目录和文件资源。

图 12.13　FTP 连接设置访问范例

12.5 数据统计分析

数据统计分析对于生产测试非常重要，怎样从海量的数据中发现异常点并分析出问题进而找到根本原因，是数据分析的关键之处和精妙所在。大数据就如同茫茫的大海一样出现在工程师的眼前，如果仅通过人工进行数据处理，需要花费的时间和精力非常多。我们利用系统和工具可以便捷迅速地缩小问题范围，找到对应的批次、时间、设备、工具配件、操作人员、操作设置的方法等问题。

分析数据的方法很多，其中常用的是列表法和作图法。这些方法既可以使用个人计算机的办公工具实现，也可以使用系统已经集成的功能，系统会将已进入数据库的数据按照分析者的需求呈现为不同的表格或图形。

1. 列表法

将数据按一定的规律用表格表达出来，是记录和处理数据最常用的方法。表格的设计要求对应关系清楚，简单明了，有利于发现统计量之间的相互关系。表头中应注明各个统计量的名称、符号、数量级和单位等，还可以根据需要列出除原始数据以外的计算栏位和统计栏位等。

2. 作图法

作图法图表可以更加醒目、清晰地表达数量的变化趋势。通过作图法可以简便地找出所需要的某些结果。某些复杂的函数关系经过一定的处理变换后也可以用图表表示出来。

图表的制作方式有两种：手动制作和利用软件自动生成。制表软件包括 SPSS、Excel、MATLAB、Minitab 等。使用制表软件时，需要将分析的数据导入，对软件和工具进行相关的操作，得出所需要的结果，结果采用图表的形式呈现出来。

这里通过一个实例介绍运用系统工具分析测试异常，其中会涉及较多的概念和内容。

表 12.1 所示是一个有异常的晶圆测试数据信息，从表面看到的异常是晶圆边缘性的漏电参数 IDSS 失效偏多，实际真正的异常是当测试 UIL 测试项后出现 KelvinS 的异常失效，检查异常后发现探针卡的针尖被烧坏。

表 12.1 中是节选的主要相关测试项，粗体标注的内容是异常值。

表 12.1 测试异常 CP 数据信息

Series（序号）	Test Items（测试项目）	L.Limit	U.Limit	Units（单位）	Min（最小值）	Max（最大值）	Failures（失效）	Yield（良率）	Mean（平均值）	Stdev（标准偏差）	CPU	CPL	CPK
1	P_KELVINS &BIN3	0.04	0.7	V	0.179000	1.48300	76	99.83%	0.228446	0.0624139	2.51842	1.00643	1.00643
2	P_OPEN &BIN3	−2.0	0.0	V	−7.50200	7.46400	137	99.53%	−0.547272	0.375388	0.485961	1.28998	0.485961
4	P_UIL& BIN11	10.0	60.0	uS	0.00000	35.0000	8	98.50%	28.5569	0.728247	14.3921	8.49386	8.49386
5	P_UIL& BIN11	15.0	70.0	V	26.2000	33.9000	0	98.50%	32.3073	0.530086	23.7023	10.8833	10.8833
8	P_IDSS1& BIN5	−75.0	10.0	nA	−253.242	3.30800	6783	83.25%	−41.6331	77.6303	0.221705	0.143272	0.143272

这里简单介绍一下 CPK 的概念，如表 12.2、表 12.3 所示。Stdev 和 Sigma 指的是同一个概念，都是标准偏差，反映数值相对于平均值的离散程度。CPK 是制程能力指数，用于对工程或制程水准进行量化。

CPK=Min(CPU, CPL)，CPU=(USL−$\bar{x}$)/3Stdev，CPL=($\bar{x}$−LSL)/3Stdev。

表 12.2 CPK 及其对应关系表

CPK	Sigma	DPMO（百万机会的缺陷数目）	良率
0.5	1.5	500000	50%
1	3	66800	93.320%
1.17	3.5	22700	97.730%
1.33	4	6210	99.3790%
1.5	4.5	1350	99.8650%
1.67	5	230	99.9770%
2	6	3.4	99.99966%

表 12.3 CPK 的等级划分

等级	等级范围	等级评判	备注
A++	CPK≥2.0	特优	可以考虑降低成本
A+	1.67≤CPK<2	优	应当保持
A	1.33≤CPK<1.67	良	能力良好，状态稳定，须尽力提升到 A+ 级
B	1.0≤CPK<1.33	一般	状态一般，制程因素有不良的风险
C	0.67≤CPK<1.0	差	制程差，必须提升制程能力
D	CPK<0.67	不可接收	需要考虑重新整改设计制程

如图 12.14 所示，通过系统工具的统计分析可以比较明显地看出主要的失效 Bin 依次是 Bin5、Bin2、Bin3、Bin4、Bin8 和 Bin11，经过统计可以减少手动处理和分析数据的时间，比较快速方便地分析出异常和良率的趋势。

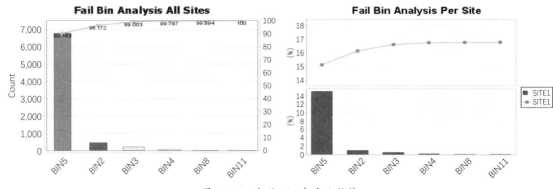

图 12.14　失效 Bin 良率及趋势

如图 12.15 所示，首先看到的是晶圆边缘性的漏电参数 IDSS Bin5 测试时失效最多，失效值在 –250 ～ –14nA，其中失效值的最高值在 –250nA 左右时占柱状图左边的一个高峰，通过值的最高值在 –14nA 左右时占柱状图右边的一个高峰。失效值在 –250nA 左右时芯片性能相对比较差。

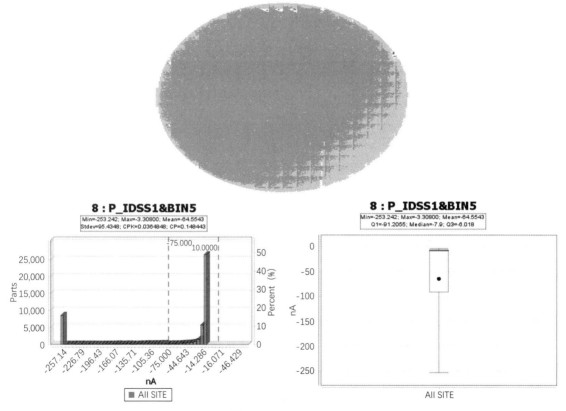

图 12.15　IDSS Bin5

接下来介绍箱型图和离群值（Outlier）的概念，箱型图和离群值在数据统计中使用频繁，主要用于分析确认制程相关的问题。离群值是指在数据中与其他数值相比有较大差异的一个或几个值。

箱型图如图 12.16 所示。

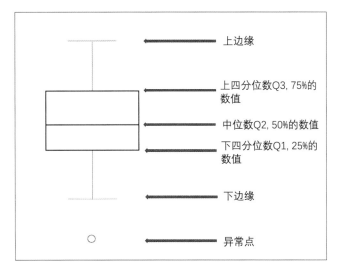

图 12.16　箱型图

将所有的数值由小到大排列，并分成四等份，处于三个分割点位置的数值就是四分位数（Quartile）。

Q1（下四分位数），等于该样本中所有数值由小到大排列后处于 25% 位置的数值。

Q2（中位数），等于该样本中所有数值由小到大排列后处于 50% 位置的数值。

Q3（上四分位数），等于该样本中所有数值由小到大排列后处于 75% 位置的数值。

IQR（Inter Quartile Range，内部四分位范围），IQR = Q3 – Q1，称为四分位距。

Bin3 如图 12.17 所示，是 KelvinS 和 OPEN 测试项的失效 Bin，失效的数量为 200 颗左右，Bin3 失效是出现在晶圆的顶部区域性、边缘小区域及底部条状性的失效。KelvinS 和 OPEN 的大部分测试值在正常范围内。

图 12.17　KelvinS 和 OPEN Bin3

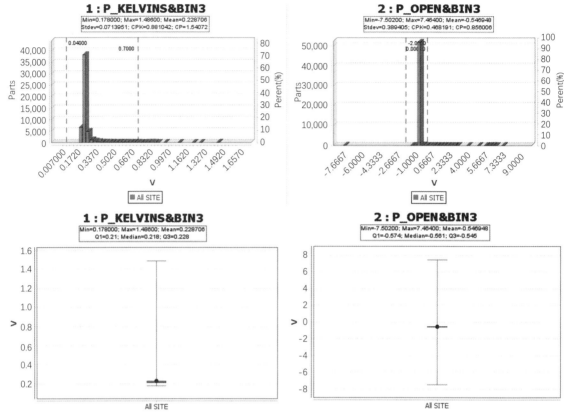

图 12.17　KelvinS 和 OPEN Bin3（续）

Bin11 如图 12.18 所示，是测试项 UIL 的失效 Bin，失效的数量为 8 颗，Bin 11 位于晶圆的顶部中间区域。但是 UIL 的测试电流偏大，达到 12A，UIL 测试项本身属于芯片的破坏性测试。而其他测试项的测试电流小于等于 2A。

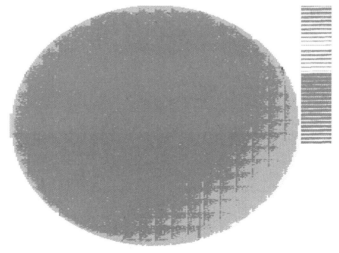

图 12.18　UIL Bin11

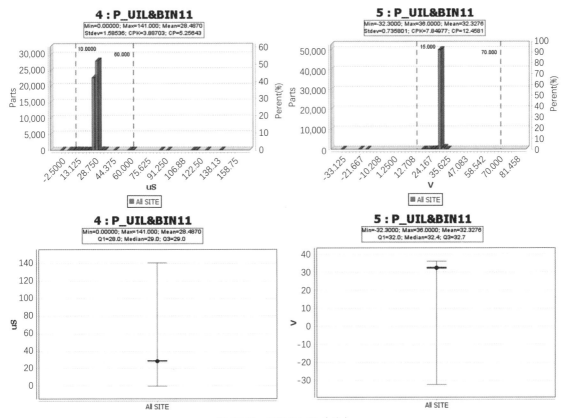

图 12.18　UIL Bin11（续）

　　在测试过程中，烧针所表现出的问题是出现条状连续性的 KelvinS 和 OPEN 测试项的失效，而此时烧针异常已经发生。生产作业人员检查异常后发现探针卡的针尖被烧坏，需要调针和磨针，但是烧针异常会连续地在每片晶圆上发生，更换新的晶圆后还有同样的异常现象。

　　接下来是针对异常进行在线分析和调试除错。先对主要的测试失效项 Bin5、Bin3、Bin11 加测试延迟时间进行验证，结果继续发生针尖被烧坏的异常。再尝试修改探针卡的限流保护电阻，从原先的 0Ω 调整到 0.1Ω 再进行验证，测试一片晶圆之后发现还会发生针尖被烧坏的异常。如图 12.19 所示，深入分析连续四次晶圆测试异常后发现失效的 Bin11 芯片大部分都位于晶圆的顶部中间区域，并且分布的区域很集中，怀疑是产品本身存在问题。

　　经分析确认晶圆的顶部中间区域失效异常后，发现这些芯片的失效情况与晶圆的中间或其他区域的正常失效模式不同。正常情况下，芯片在经过 UIL 测试项被打坏失效之后，芯片的表面呈现出规则的小黑圆点，而顶部中间区域失效的芯片则呈现出不规则的各种形状。因为这些异常失效的芯片位于边缘整体失效的位置，推测与产品本身的制造工艺相关，再次使用新的晶圆验证后，发现位于顶部中间区域的芯片的直流参数测试也有很多失效，因此将程序原先设置在前面第四项的测试项——UIL 测试项——移到直流参数测试项的后面进行测试，即先测试

直流参数再测试 UIL 测试项。使用修改过的程序再次测试新的晶圆后烧针异常排除。

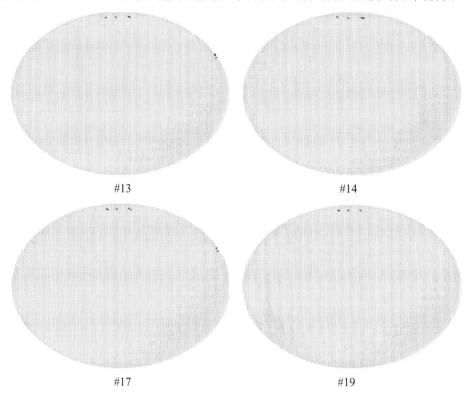

图 12.19　Bin11 在不同晶圆上的分布

　　以上实例介绍了利用系统工具及进行数据异常分析的过程，能够理解和使用系统工具并掌握分析的思路很重要。在生产过程中会出现各种各样的异常，异常不同，查找的切入点也会有所不同。在处理异常时，我们需要从各个方面对问题进行综合考虑，把握总体，不漏细节，逐步全面地思考分析。这是一个比较耗时和烦琐的过程，需要耐心、细心，保持刻苦钻研的精神。

后　记

偶尔闲暇，我喜欢去爬山，更喜欢在爬山的过程中看不同的风景。山脚、山腰、山顶风景各不相同。我们从事芯片封装测试工作也像在攀登一座座山，从晶圆测试、研磨切割、芯片键合、引线键合、塑封、电镀、切筋成型、先进封装到最终测试等，每一座山都有着不同的山路，远看重峦叠嶂，近看又是一道道不同的风景，借用一句名诗便是"横看成岭侧成峰，远近高低各不同"。

本书介绍了芯片封装测试的工序和原理，以及所需的设备、工艺流程、原理、异常注意点等，以便于读者系统了解芯片封装测试各个不同的工序。希望读者在阅读完本书之后可以对芯片封装测试行业有更多的了解，甚至喜欢上这个行业。

本书在参考很多优秀前辈同行的文章和著作的基础上，进行了归纳和整理，可以作为了解芯片封装测试和半导体行业的学习参考书和辅助教程。我在封装测试车间进行了很多次参观学习，和很多技师、工程师共同讨论研究，这都为本书的写作提供了很大的帮助。

芯片封装测试少不了设备设施、配件等供应商的大力支持，机器设备是生产车间的硬件基础，只有使用好的设备加上合理的工艺流程和规范才可以生产出优质的产品，当然还需要每天不断优化和精进。值得一提的是，很多国产的替代设备正在不断发展完善中。

在此感谢很多芯片封装测试的同行前辈及供应商等，让我在探讨中了解学习到很多工艺方面的内容及注意点等。由于本人专业水平和涉猎知识有限，对一些内容没有深入展开和挖掘，还请读者予以理解。芯片封测的各道工序如同一座座山，山中有着不同的风景，也有着不同的矿产、木材等资源，等着一位位优秀的半导体工作者去发掘开采。中国的半导体行业还处于追赶爬坡阶段，未来需要更多的才俊将中国半导体推向更高的水平。

在本书的撰写过程中，我参阅和学习了很多优秀的资料，在此深表感激。阅读学习的过程中，我有一些特别的收获和感受，就像在海边走路时捡到了许许多多美丽精致的贝壳，让我感到欢心喜悦。

感谢北京大学出版社的编辑老师对本书出版给予的支持，他们对于本书的写作提出了宝贵的指导建议。有幸相识，感到荣幸之至。

最后要特别感谢我的家人对我写作的支持，有幸可以进行自己爱好的写作是我的一个梦想。

献给所有为集成电路事业辛勤劳作和奋斗的人们！